Exercises for Fluid Engineering

written by

M. M. Ashraful ALAM, Toshiaki FUKUMORI, Yasutaka HAYAMIZU, Kazunori HOSOTANI, Ayumu INAGAKI, Yoshifumi JODAI, Hironori KIKUGAWA, Hideaki MAEDA, Koichiro OGATA, Shinya OKUHARA, Takayuki SUZUKI, Manabu TAKAO, Hideki TAKEUCHI, Teiichi TANAKA, Yukio WATANABE and Tsuyoshi YASUNOBU

発刊にあたり

　流体工学とは，気体と液体を工学的に取り扱う学問であり，その知見は自動車や航空機などの移動体の運動やポンプやタービンをはじめとする流体機械のエネルギー伝達など幅広い技術分野で利用されるため，流体工学は機械系の学生や技術者にとって最も重要な科目の一つとされている．

　一方，社会のグローバル化が進む中で，共同研究や国際会議などの場における外国人との円滑なコミュニケーション能力を養うため，日本人のように英語を母国語としない者に対する英語教育の必要性が年々増している．

　本書は，（独）国立高等専門学校機構（高専機構）に所属する教職員を中心に構築した「再生可能流体エネルギー利用技術に関する技術開発ネットワーク」に所属する 16 名の流体工学の専門家により執筆した．執筆者の多くは，海外での長期滞在経験者または外国人であり，自らの体験から技術者に対する英語教育の重要性を強く感じている．しかし，現状を考えると，学生が最初から洋書により専門科目を学習することは容易ではない．そこで，本書は基本的な流体工学の知識を有する学生が利用できる演習書として執筆している．

　本書は，第 1 章「流体の性質」，第 2 章「流体の静力学」，第 3 章「流体の動力学」，第 4 章「管路内の流れ」，第 5 章「抗力と揚力」，第 6 章「次元解析および相似則」で構成される．このうち第 1 章から第 5 章は，高専機構が設定しているモデルコアカリキュラムに対応した学習内容としているが，これは一般的な機械系の学生が学習すべき流体工学の基礎知識を網羅しており，高専生のみならず大学生や企業の皆さんにもぜひご活用いただきたい．本書が，日本人学生の流体工学に関する英語力の向上に貢献できることを切望している．

　最後に，本書の出版にあたって終始ご配慮いただいた（株）パワー社の関係者，ならびに本書の執筆に際してご協力いただきました関係各所に対して，心よりお礼を申し上げる次第である．

2020 年 3 月　著者一同

目　次

第 1 章　　流体の性質

Example 1-1〜1-10 1

Problems (Chapter 1) 8

第 2 章　　流体の静力学

Example 2-1〜2-6 21

Problems (Chapter 2) 32

第 3 章　　流体の動力学

Example 3-1〜3-8 43

Problems (Chapter 3) 52

第 4 章　　管路内の流れ

Example 4-1〜4-5 65

Problems (Chapter 4) 70

第 5 章　　抗力と揚力

Example 5-1〜5-3 81

Problems (Chapter 5) 86

第 6 章　　次元解析および相似則

Example 6-1〜6-3 101

Problems (Chapter 6) 104

参考書籍 109

著者紹介

アラム アシュラフル（松江工業高等専門学校・准教授・博士(工学)）

稲垣 歩（大分工業高等専門学校・講師・博士(工学)）

尾形 公一郎（大分工業高等専門学校・准教授・博士(工学)）

奥原 真哉（松江工業高等専門校・技術専門職員・博士（工学)）

菊川 裕規（大分工業高等専門学校・教授・博士(工学)）

上代 良文（香川高等専門学校・教授・博士(工学)）

鈴木 隆起（神戸市立工業高等専門学校・准教授・博士(工学)）

高尾 学（松江工業高等専門校・教授・博士(工学)）

武内 秀樹（高知工業高等専門学校・准教授・博士(工学)）

田中 禎一（熊本高等専門学校・教授・博士(工学)）

早水 庸隆（米子工業高等専門学校・准教授・博士(工学)）

福森 利明（沐(ミズキ)エンジニアリング合同会社・代表社員 CEO）

細谷 和範（津山工業高等専門学校・准教授・博士(学術)）

前田 英昭（株式会社西島製作所・生産本部ポンプ製造部長・博士(工学)）

安信 強（北九州工業高等専門学校・教授・博士(工学)）

渡辺 幸夫（鳥羽商船高等専門学校・准教授・修士(工学)）

第1章　流体の性質

　この章では，流体の基本的性質として，**圧縮性流体**(compressible fluid)や**非圧縮性流体**(incompressible fluid)および**理想流体**(ideal fluid)の定義を理解する．また，**国際単位系**（International System of units; SI）を確認したうえで，流体の性質を表す各種物性値として，**密度**(density)，**単位体積当たりの重量**(specific weight)，**比体積**(specific volume)，**比重**(specific gravity)，**圧縮率**(compressibility)，**体積弾性係数**(bulk modulus)，**粘度**(viscosity)および**動粘度**(kinematic viscosity)の定義と算出方法を学ぶ．さらに，**ニュートンの粘性法則**(Newton's law of viscosity)および**表面張力**(surface tension)に関して，演習問題を通して学ぶことにする．

【Example 1-1】

(1) Given the following units of measure, name the corresponding physical property or state:

[a] :　The mass per unit volume.　　　　　SI: kg/m^3　MKS: $kgf \cdot s^2/m^4$

[b] :　The force from weight acting on a unit of volume.
　　　　　　　　　　　　　　　　　　　　SI: N/m^3　MKS: kgf/m^3

[c] :　This value represents the volume per unit mass.
　　　　　　　　　　　　　　　　　　　　SI: m^3/kg　MKS: m^3/kgf

[d] :　The ratio of fluid density to the maximum density of water at 101.325 kPa, 3.98 ℃.

[e] :　The ratio of volumetric contraction to pressure increase.

[f] :　The ratio of shear stress to velocity gradient.
　　　　　　　　　　　　SI: $N \cdot s/m^2$ and $Pa \cdot s$　MKS: $kgf \cdot s/m^2$

[g] :　The viscosity divided by the density.　SI & MKS: m^2/s.

　　＊　SI: International System of units

　　＊　MKS: gravitational system of units (engineering system of units)

第 1 章　流体の性質

(2) (h)–(k) Select the best word to complete the following sentences:

An 'ideal fluid' is a hypothetical fluid that has zero (h) [viscosity, density]. Ideal fluids are only found in physics problems and do not exist in nature. In an ideal flow, shear force does not exist because it vanishes (h). Real fluids have (h) and these fluids obey the Newtonian law: shear stress is directly proportional to shear strain.

All fluids are (i) [compressible, incompressible] to some extent; that is, changes in pressure, or temperature cause changes in density. However, in many situations the changes in pressure and temperature are sufficiently small that the changes in density are negligible (<5%). In this case the flow can be modeled as (j) [compressible, incompressible].

While all fluids are compressible, fluids are usually treated as (k) [compressible, incompressible] when the Mach number (the ratio of the flow velocity to the speed of sound) is less than 0.3.

【Solution】

(1)

    [a]:　　density

    [b]:　　specific weight

    [c]:　　specific volume

    [d]:　　specific gravity

    [e]:　　compressibility

    [f]:　　viscosity

    [g]:　　kinematic viscosity

(2)

    (h):　　viscosity

    (i):　　compressible

    (j):　　incompressible

　(k):　　incompressible

【Example 1-2】Convert the following quantities into SI units.

(1)　1.5 kgf/cm^2

(2)　1024 mmHg

(3)　10 at

(4)　20 atm

(5)　22.1 kgf

【Solution】

(1)　$1.5 \times 10^4 \ \text{kgf/m}^2 \times 9.8 \ \text{N/kgf} = 147 \ \text{kPa}$

(2)　$1024 \ \text{mmHg} \times (101.325 \ \text{kPa} / 760 \ \text{mmHg}) = 136.522 \ \text{kPa}$

(3)　$10 \ \text{at} \times 98066.5 \ \text{Pa/at} = 980.665 \ \text{kPa}$

(4)　$20 \ \text{atm} \times 101.325 \ \text{kPa/atm} = 2026.5 \ \text{kPa}$

(5)　$22.1 \ \text{kgf} \times 9.8 \ \text{N/kgf} = 216.58 \ \text{N}$

【Example 1-3】Calculate the density of air (ρ) under the conditions of 1 atm and 15 °C. Here, the gas constant is $R = 287 \ \text{J/kg} \cdot \text{K}$.

【Solution】Substitute the physical property of air into the state equation of a perfect gas, $pv = p(1 / \rho) = RT$. The density is calculated as

$$\rho = \frac{p}{RT} = \frac{1.01325 \times 10^5}{287 \times (273.15 + 15)} \approx 1.225 \ \text{kg/m}^3$$

【Example 1-4】Calculate the specific gravity (s) of an oil with a density of $\rho = 900$ kg/m^3.

【Solution】

$$s = \frac{\rho}{\rho_{\text{water}}} = \frac{900}{1000} = 0.9$$

【Example 1-5】 Calculate the specific weight (γ) and specific volume (v) for a fluid of density $\rho = 1250$ kg/m^3.

【Solution】 The specific weight (γ) is:

$$\gamma = \rho g = 1250 \times 9.8 = 12250 \text{ N/m}^3$$

The specific volume (v) is:

$$v = \frac{1}{\rho} = \frac{1}{1250} = 8 \times 10^{-4} \text{ m}^3/\text{kg}$$

【Example 1-6】 A liquid mass with 1.0 m^3 at 1 atm was pressurized to 20 atm resulting in a volume reduction to 0.9 m^3. Calculate [a] the bulk modulus of this liquid (K) and [b] the compression ratio (β).

【Solution】

[a] The volume modulus of elasticity decreased by ΔV when the pressure was increased by Δp. K can be expressed as

$$K = \frac{\Delta p}{-\Delta V / V} = -V \frac{\Delta p}{\Delta V} = -1.0 \frac{(20-1) \times 101325}{0.9 - 1} = 19251750 \text{ Pa} \approx 0.0193 \text{ GPa}$$

[b] The compression ratio (β) is the inverse to the bulk modulus (K).

$$\beta = \frac{1}{K} = \frac{1}{0.0193} \approx 51.81 \text{ GPa}^{-1}$$

【Example 1-7】 The viscosity (μ) of water at 20 °C is 1.002×10^3 Pa·s and the density of water at 20 °C is 998.2 kg/m³. Calculate the kinematic viscosity (v).

【Solution】 The relationship between the kinematic viscosity (v) and the coefficient of viscosity (μ) of fluid with density (ρ) is

$$v = \frac{\mu}{\rho} = \frac{1.002 \times 10^3}{998.2} \approx 1.004 \times 10^{-6} \text{ m}^2/\text{s}$$

【Example 1-8】 Fig. 1-1 shows a liquid mass sandwiched between two flat plates with a 0.01 m gap. Assuming that the upper plate is moving at a speed of the upper plate is $U = 1.0$ m/s and the viscosity of the liquid is $\mu = 0.001$ Pa·s, calculate (1) the shear force on the liquid and (2) the force acting on the lower plate (the area of the plate is given as $A = 10$ m²).

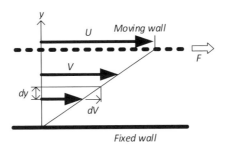

Fig. 1-1 Velocity distribution

【Solution】

(1) From Newton's law of viscosity, the shear stress (τ) is:

$$\tau = \mu \frac{dV}{dy} = \mu \frac{U}{h} = 0.001 \times \frac{1.0}{0.01} = 0.1 \text{ Pa}$$

(2) Using the velocity gradient on the lower plate, the force acting on the lower plate is

$$F = \tau \times A = 0.1 \times 10 = 1.0 \, \text{N}$$

【Example 1-9】 Fig. 1-2 shows a concentric double cylinder filled with a liquid of viscosity $\mu = 0.2$ Pa·s. The inner cylinder rotates at a constant angular velocity of 3π rad /s. The radius of inner cylinder is $r_1 = 0.01$ m and the radius of the outer cylinder is $r_2 = 0.011$ m. The length of the section filled with liquid is $L = 1$ m. Calculate the torque (T) acting on the inner cylinder.

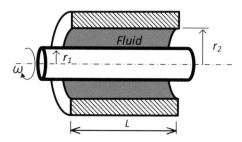

Fig. 1-2 Rotational shaft

【Solution】 Assuming the gap between the cylinders is sufficiently narrow, the effect of curvature can be neglected, and the velocity distribution can be regarded as a straight line. The velocity (V_1) at the radius (r_1) is calculated as

$$V_1 = r_1 \omega$$

The torque (T) at the radius of r_1 is equal to the moment generated by the shear stress (τ). The moment acting on the cylinder of length L is:

$$T = shear\ stress\,(\tau) \times area\,(2\pi r_1 L) \times radius\,(r_1) = 2\pi r_1^2 L\tau$$

When the velocity gradient is linear in the gap, shear stress (τ) according to Newton's law of viscosity is:

$$\tau = \mu \frac{dV}{dy} = \mu \frac{V_1}{r_2 - r_1} = \mu \frac{r_1 \omega}{r_2 - r_1}$$

Therefore, T is calculated as:

$$T = 2\pi r_1^2 L\tau = 2\pi r_1^2 L\mu \frac{r_1\omega}{r_2 - r_1} = \frac{2\pi r_1^3 L\mu\omega}{r_2 - r_1} = \frac{2\pi \times 0.01^3 \times 1 \times 0.2 \times 3\pi}{0.011 - 0.01} \approx 0.0118 \text{ N} \cdot \text{m}$$

【Example 1-10】 Fig. 1-3 shows a glass tube of diameter d inserted through a water surface. Provide the formula for the average height (h) of the liquid in capillary by surface tension (σ). Here, the water density is ρ_w, the air density is ρ_a, the gravitational acceleration is g, and the contact angle is $\theta = 0°$.

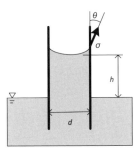

Fig. 1-3 Capillary tube

【Solution】 The surface tension is:

$$F_u = \sigma\pi d \cos\theta = \sigma\pi d$$

The downward force due to the gravity acting on the fluid mass (ρ_a) is:

$$F_d = \rho_w gh\left(\frac{\pi d^2}{4}\right)$$

By balancing forces, the height h is expressed as follows.

$$h = \frac{4\sigma}{\rho_w gd}$$

Problems (Chapter 1)

【1-1】 Describe the difference between a compressible and an incompressible fluid.

【1-2】 Choose the correct word in the brackets to complete the following sentences. The airflow under the following conditions can be considered a [compressible / incompressible] fluid.

  Velocity: 100 m/s

  Temperature: 20 °C

  Pressure: 101.3 kPa

Here the speed of sound is 343.3m/s at 20 °C and 1atm.

【1-3】 Convert the following quantities into SI units.

(1) 500 mmHg, (2) 10 atm, (3) 3.51 kgf・m

【1-4】 A container of volume $V = 2$ m^3 is filled with a liquid of mass $m = 1600$ kg. When the container pressure is increased by $\Delta p = 4$ MPa, the reduction in volume is 0.02 %. Calculate the following:

(1) density (ρ) and specific gravity (s)

(2) specific volume (v) and specific weight (γ)

(3) compressibility (β) and bulk modulus (K)

【1-5】 The weight of 5.0 m^3 sample liquid is 45000 N. Calculate (1) density (ρ), (2) specific weight (s) and (3) kinematic viscosity (ν). Here, the liquid's coefficient of viscosity is $\mu = 1.0 \times 10^{-3}$ Pa・s , and the gravitational acceleration is $g = 9.8$ m/s^2.

【1-6】 The velocity distribution (u) in a two-dimensional flow path is given by the following equation

$$u(y) = -20y^3 + 3y^2 + 0.114y \quad [\text{m/s}]$$

where y is the distance from a wall, as shown is Fig. 1-4 and the unit is m. The viscosity of the fluid is $\mu = 0.008$ Pa·s.

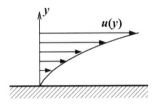

Fig. 1-4 Velocity distribution

(1) Calculate the shear stress (τ) at $y = 20$ mm.

(2) Calculate the distance (Y) from the wall where the shear stress is maximum.

(3) Calculate the maximum shear stress (τ_{max}).

【1-7】 The relationship between viscosity (μ) and velocity (u) of a certain non-Newtonian fluid flow in a two-dimensional flow path is given by the following equation:

$$\mu = u^2$$

At what velocity distribution (u) does the shear stress in the fluid become constant? Consider the wall to be non-slip and there is no change in velocity in the main flow direction.

【1-8】 Fig. 1-5 shows the schematic of a rotational viscometer for measuring fluid viscosity. Fluid viscosity can be calculated from the torque obtained by rotating a cylinder in a stationary cylindrical container. The number of revolutions per minute of the rotating cylinder is n, the outside diameter is D, the height is h, the clearance is ε, the fluid viscosity is μ, and the torque is T. Assuming that the velocity gradient in the clearance is linear. Answer the following.

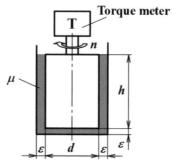

Fig. 1-5 Rotational viscometer

(1) Show the shear stress (τ_1) on the cylinder wall.

(2) Show the torque (T_1) acting on the cylinder.

(3) Show the torque (T_2) on the bottom surface of the cylinder. (Consider a small area on the bottom surface as shown in Fig. 1-6)

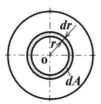

Fig. 1-6 Small area on the bottom of the cylinder

(4) When the torque T is measured by the torque meter, show the equation for the viscosity (μ) of the fluid.

【1-9】 The phenomenon in which a fluid rises in a pipe inserted in a stationary fluid of density ρ_L under a gas density of ρ_G is called the capillary action. Answer the following:

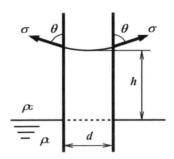

Fig. 1-7 The capillary action phenomenon

(1) Express the height of the water level in the pipe (h) from the bulk water surface using the pipe diameter (d), the surface tension of the liquid (σ), the contact angle (θ) and the gravitational acceleration (g).

(2) Express the height (H) when the density of the liquid is sufficiently larger than the density of the gas. Further, show that this height (H) can be derived by the force balance between the gravity force and surface tension of the liquid.

【1-10】 Imagine a perfect spherical bubble of radius (R) with a negligible film thickness. The inner pressure and outer pressure of the bubble are p_1 and p_2, respectively. Show the necessary conditions of p_1 and p_2 for the bubble to maintain a spherical shape. The surface tension of the liquid is σ.

解　答

【1-1】

　流体はすべて圧縮性を有するが，液体は圧力による密度変化が極めて小さいため，非圧縮性流体（密度が一定）として扱うことができる．

　一方，気体の場合，圧縮性流体として扱うか，非圧縮性流体として扱うかは流れの速度で判断する．流れが低速の場合は，気体の密度変化が極めて小さいため非圧縮性流体として扱い，マッハ数が 0.3 以上の流速の場合は圧縮性流体として扱うのが一般的である．

【1-2】

非圧縮性流体

　流体はその密度変化が 5%以下の場合に非圧縮性流体，それを超える場合は圧縮性流体として扱う必要がある．密度変化 5% に対応するマッハ数は約 0.3 であり，20 ℃，1 気圧（= 101.3 kPa）の空気中における音速 c は 343.3 m/s（$=\sqrt{\gamma RT}$ ，γ：比熱比，R：気体定数，T：絶対温度）である．したがって，マッハ数 M は，$M = V/c = 100/343.3 = 0.291$ となり，非圧縮性流体である．

【1-3】

(1) $500\,\mathrm{mmHg} = 500\,\mathrm{mmHg} \times \left(101.325\,\mathrm{kPa}\,/\,760\,\mathrm{mmHg}\right) = 66.7\,\mathrm{kPa}$

(2) $10\,\mathrm{atm} = 10\,\mathrm{atm} \times 101.325\,\mathrm{kPa/atm} = 1.013\,\mathrm{MPa}$

(3) $3.51\,\mathrm{kgf \cdot m} = 3.51\,\mathrm{kgf \cdot m} \times 9.8\,\mathrm{N/kgf} = 34.40\,\mathrm{N \cdot m}$

【1-4】

(1) 密度 ρ は，

$$\rho = \frac{m}{V} = \frac{1600}{2} = 800 \text{ kg/m}^3$$

比重 s は，水の密度を $\rho_w = 1000$ kg/m^3 とすると，

$$s = \frac{\rho}{\rho_w} = \frac{800}{1000} = 0.8$$

(2) 比体積 v および単位体積あたりの重量 γ はそれぞれ，

$$v = \frac{1}{\rho} = \frac{1}{800} = 0.00125 \text{ m}^3/\text{kg}$$

$$\gamma = \rho g = 800 \times 9.81 = 7848 \text{ N/m}^3$$

(3) 体積減少率 $\Delta V/V = 0.02$ %であるから，圧縮率 β は，

$$\beta = -\frac{\Delta V/V}{\Delta p} = -\frac{-0.02 \times 10^{-2}}{4 \times 10^6} = 5 \times 10^{-11} \text{ Pa}^{-1}$$

また，体積弾性係数 K は，

$$K = \frac{1}{\beta} = \frac{1}{5 \times 10^{-11}} = 2 \times 10^{10} \text{ Pa}$$

【1-5】

単位体積あたりの重量 γ は，　$\gamma = \dfrac{W}{V} = \dfrac{45000}{5.0} = 9000$ N/m^3

(1) 密度 ρ は，

$$\rho = \frac{\gamma}{g} = \frac{9000}{9.8} \approx 918.37 \text{ kg/m}^3$$

(2) 比重 s は，水の密度を ρ_w とすると，

$$s = \frac{\rho}{\rho_w} = \frac{918.37}{1000} \approx 0.918$$

(3) 動粘度 ν は，

$$v = \frac{\mu}{\rho} = \frac{1.0 \times 10^{-3}}{918.37} \approx 1.09 \times 10^{-6}\ \mathrm{m^2/s}$$

【1-6】

(1) ニュートンの粘性法則より,

$$\tau = \mu \frac{du}{dy} = \mu \frac{d}{dy}\left(-20y^3 + 3y^2 + 0.114y\right)$$
$$= \mu\left(-60y^2 + 6y + 0.114\right)$$
$$= 0.008 \times \left(-60 \times 0.02^2 + 6 \times 0.02 + 0.114\right)$$
$$= 1.68\ \mathrm{mPa}$$

(2) せん断応力 τ は壁からの距離 y のみの関数であるから, y で微分して $= 0$ とすることで極値を求めることができる(この場合,上に凸の二次曲線であるから,極値は最大値となる).よって,

$$\frac{d\tau}{dy} = 0$$
$$-120y + 6 = 0$$
$$y = Y = 0.05\ \mathrm{m}$$

(3) せん断応力の最大値 τ_{max} は, $y = Y$ であるから,

$$\tau_{max} = \mu\left(-60y^2 + 6y + 0.114\right)$$
$$= 0.008 \times \left(-60 \times 0.05^2 + 6 \times 0.05 + 0.114\right)$$
$$= 2.11\ \mathrm{mPa}$$

【1-7】

ニュートンの粘性法則より,

$$\tau = \mu \frac{du}{dy} = \mathrm{A}$$

ここで，A は定数である．上式に，

$$\mu = u^2$$

を代入すると，

$$u^2 \frac{du}{dy} = \mathrm{A}$$

$$u^2 du = \mathrm{A}dy$$

両辺を積分して，

$$\int u^2 du = \int \mathrm{A}dy$$

$$\frac{u^3}{3} = \mathrm{A}y + \mathrm{C}$$

ここで，境界条件として，$y=0$ で $u=0$（すべりなし条件）であるから，C=0.
よって，

$$\frac{u^3}{3} = \mathrm{A}y$$

$$u = \sqrt[3]{3\mathrm{A}y}$$

【1-8】

(1) 円筒壁面に作用するせん断応力 τ_1 は，ニュートンの粘性法則より，

$$\tau_1 = \mu \frac{du}{dy}$$

ここで，円筒壁面の周速度を v とすると，すき間の速度勾配は直線的であるという題意から上式は，

$$\tau_1 = \mu \frac{du}{dy} = \mu \frac{v}{\varepsilon}$$

となる．ここで，周速度 v は円筒の角速度を ω とすると，

$$v = \frac{d}{2}\omega$$

となる．さらに，角速度 ω は回転数 n を用いると，

$$\omega = \frac{2\pi n}{60}$$

であるから，

$$\tau_1 = \mu\frac{v}{\varepsilon} = \mu\frac{1}{\varepsilon}\frac{d}{2}\omega = \mu\frac{1}{\varepsilon}\frac{d}{2}\frac{2\pi n}{60} = \mu\frac{\pi dn}{60\varepsilon}$$

(2) 円筒壁面の表面積は πdh であるから，円筒壁面に作用するせん断力 F_1 は，

$$F_1 = \tau_1\pi dh$$

よって，円筒に作用するとトルク T_1 は，

$$T_1 = \frac{d}{2}F_1 = \frac{d}{2}\tau_1\pi dh$$

であり，(1)の結果を用いると，

$$T_1 = \frac{d}{2}\tau_1\pi dh = \frac{d}{2}\mu\frac{\pi dn}{60\varepsilon}\pi dh = \frac{\mu\pi^2 d^3 nh}{120\varepsilon}$$

(3) 底面では，半径方向に対して周速度が変化するため，速度勾配が変化する．そのため，底面に作用するトルクは，底面に微小リングを考え，積分することで得られる．

　Fig.1-6 に示すように，円筒底面中心から半径 r の位置に微小幅 dr，微小面積 dA の微小リングを考える．この微小リングに作用する微小トルクを dT，微小せん断力を dF，微小せん断応力 $d\tau$ をすると，dT は，

$$dT = rdF = r(d\tau dA) = rd\tau(2\pi rdr)$$

で示される．

　一方，半径 r の位置の周速度を v とすると，微小リングに作用するせん断応

力 $d\tau$ はニュートンの粘性法則より,

$$d\tau = \mu \frac{du}{dy} = \mu \frac{u}{\varepsilon} = \mu \frac{v}{\varepsilon}$$

よって, dT は,

$$dT = r\left(\mu \frac{v}{\varepsilon}\right)(2\pi r dr)$$

さらに, 周速度 v は, 角速度を ω とすると,

$$v = r\omega$$

であり, 回転数 n を用いると,

$$v = r\omega = r\frac{2\pi n}{60}$$

となるから, dT は,

$$dT = r\left(\mu \frac{v}{\varepsilon}\right)(2\pi r dr) = r\left\{\mu \frac{1}{\varepsilon}\left(r\frac{2\pi n}{60}\right)\right\}(2\pi r dr) = \frac{\mu \pi^2 n}{15\varepsilon}r^3 dr$$

となる. 底面全体に作用するトルク T_2 は, dT を積分することで得られるから,

$$T_2 = \int dT = \int_0^{d/2} \frac{\mu \pi^2 n}{15\varepsilon}r^3 dr = \left[\frac{\mu \pi^2 n}{60\varepsilon}r^4\right]_0^{d/2} = \frac{\mu \pi^2 n d^4}{960\varepsilon}$$

となる.

(4) トルク計で得られる円筒全体に作用するトルク T は,

$$T = T_1 + T_2$$

であるから, (2), (3)の結果を代入して,

$$T = \frac{\mu \pi^2 d^3 nh}{120\varepsilon} + \frac{\mu \pi^2 n d^4}{960\varepsilon} = = \mu \frac{\pi^2 n d^3}{\varepsilon}\left(\frac{8h+d}{960}\right)$$

よって, 粘度 μ は,

$$\mu = \frac{960T\varepsilon}{\pi^2 n d^3 (8h+d)}$$

【1-9】

(1) 管内を上昇した流体要素における鉛直方向の力のつり合いを考える. Fig.1-8 のように流体要素（円柱）に作用する力は，重力 W，圧力 p_1, p_2，表面張力 σ であり，それぞれの鉛直方向成分は，次式で示される.

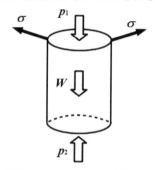

Fig. 1-8 Forces of raised liquid in the tube

重量：$\rho_L \dfrac{\pi}{4} d^2 hg$

表面張力による力：$\pi d \sigma \cos\theta$

上面に作用する圧力による力：$\dfrac{\pi}{4} d^2 p_1$

下面に作用する圧力による力：$\dfrac{\pi}{4} d^2 p_2$

よって，鉛直方向の力のつり合い式は，

$$-\rho_L \frac{\pi}{4} d^2 hg + \pi d \sigma \cos\theta - \frac{\pi}{4} d^2 p_1 + \frac{\pi}{4} d^2 p_2 = 0$$

ここで，水面に作用する圧力は，静止流体中における圧力の関係式から，

$p_1 + \rho_G gh$

であり，これは，管内の下面における圧力 p_2 と等しいから，

$p_2 = p_1 + \rho_{\mathrm{G}} gh$

力のつり合い式に代入すると，

$$-\rho_{\mathrm{L}} \frac{\pi}{4} d^2 hg + \pi d\sigma\cos\theta - \frac{\pi}{4} d^2 p_1 + \frac{\pi}{4} d^2 \left(p_1 + \rho_{\mathrm{G}} gh \right) = 0$$

$$\pi d\sigma\cos\theta - \rho_{\mathrm{L}} \frac{\pi}{4} d^2 hg + \frac{\pi}{4} d^2 \rho_{\mathrm{G}} gh = 0$$

$$h = \frac{4\sigma\cos\theta}{\left(\rho_{\mathrm{L}} - \rho_{\mathrm{G}} \right) gd}$$

(2)　$\rho_{\mathrm{L}} \gg \rho_{\mathrm{G}}$ であるから，$\rho_{\mathrm{G}} \fallingdotseq 0$．よって，(1)の結果より，

$$H = \frac{4\sigma\cos\theta}{\rho_{\mathrm{L}} gd}$$

また，(1)の導出仮定において，重量+表面張力=0 とすると，

$$-\rho_{\mathrm{L}} \frac{\pi}{4} d^2 Hg + \pi d\sigma\cos\theta = 0$$

$$H = \frac{4\sigma\cos\theta}{\rho_{\mathrm{L}} gd}$$

と同じ結果となることが確認できる．そのため，液体の密度が，周囲気体の密度よりも十分大きい場合には，管内を上昇した液体の重量と表面張力の力のつり合いのみで，関係式を導出できる．

【1-10】

Fig.1-9 のように気泡の液膜上に幅 dl の微小曲面を考える．このとき，一辺に作用する表面張力による引張力は，σdl である．液膜に作用する表面張力による力の垂直方向成分 F_1 は，

$F_1 = \sigma dl\sin\alpha$

ここで，α は微小であるから，

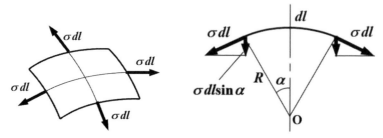

Fig. 1-9 Surface tension on small curved surface

$$R\sin\alpha = \frac{dl}{2}$$

よって，F_1 は，

$$F_1 = \frac{\sigma}{2R}dl^2$$

4 辺あるから，この微小曲面に作用する表面張力による力の垂直方向成分の合力 F は，

$$F = 4F_1 = \frac{2\sigma}{R}dl^2$$

　一方，この微小曲面の内側の圧力を p_1，外側の圧力を p_2 としたとき，微小曲面に作用する力のつり合い式は，

$$F + p_2 dl^2 - p_1 dl^2 = 0$$
$$\frac{2\sigma}{R}dl^2 + p_2 dl^2 - p_1 dl^2 = 0$$
$$p_1 - p_2 = \frac{2\sigma}{R}$$

となる．よって，球形を保つには $R>0$ であるから，

$$p_1 - p_2 > 0 \quad \left(p_1 > p_2\right)$$

　これより，シャボン玉のような気泡においては，内圧が外圧より高くなければ球形を保てないことがわかる．

第2章　流体の静力学

　流体の静力学(fluid statics)では，流体中の相対運動や**粘性**(viscosity)の影響が生じないものとして，面に垂直な圧力による**表面力**(surface force)と重力などの**物体力**(body force)を考えて，問題を取り扱う．この章では，演習問題を通して，圧力の一般的性質，**パスカルの原理**(Pascal's principle)，静止流体の圧力変化，**マノメータ**(manometer)，壁面に作用する液体の力，相対的静止および**アルキメデスの原理**(Archimedes' principle)や**浮力**(buoyancy)，浮揚体について学ぶ.

【Example 2-1】 Assume the pressure of air in tank A is 120 kPa absolute. Here, the dimensions shown in **Fig. 2-1** are $L_1=L_4$=3 m, $L_2=L_3$=6 m, the density of water ρ_{water}=1000 kg/m^3, and the density of air ρ_{air}= 1.2 kg/m^3.

(1) What is the absolute pressure of air in tank B considering the density of air?

(2) What is the absolute pressure of air in tank B neglecting the density of air?

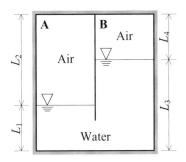

Fig. 2-1 Closed tank

【Solution】 The difference in water levels h between tank A and tank B is:

$h = L_3 - L_1 = L_2 - L_4 = 3\text{m}$.

(1) The absolute pressure of air in tank B considering the density of air is:

$$p_a + \rho_{air}gh = p_b + \rho_{water}gh \ ,$$

$$120 \times 10^3 + 1.2 \times 9.8 \times 3 = p_b + 1000 \times 9.8 \times 3 \ ,$$

$$p_b = 90.6 \text{kPa} \ .$$

(2) The absolute pressure of air in tank B neglecting the density of air is:

$$p_a = p_b' + \rho_{water}gh \ ,$$

$$120 \times 10^3 = p_b' + 1000 \times 9.8 \times 3 \ ,$$

$$p_b' = 90.6 \text{kPa} \ .$$

【Example 2-2】 As shown in Fig. 2-2, water is filled between vertical and inclined gates. Calculate the resultant force F_1 due to water affecting rectangular area AB having a width b_2=2 m and a height L_2=6 m. Also, determine the distance from a center of pressure y_{c1} to the water surface Y_1. In addition, calculate the resultant force F_2 due to water affecting triangular area CD with a length of bottom b_4=3 m and a height L_4=8 m, where the apex of the triangle is at C and the angle between water surface and axis O_2 is θ=45 degree. Furthermore, determine the distance from a center of pressure y_{c2} to the water surface Y_2, assuming the distance L_1=3 m and L_3=2 m.

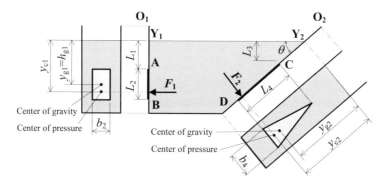

Fig. 2-2 Resultant force and center of pressure on planar wall

【Solution】The resultant force F_1 on the vertical gate AB is calculated by the following equation.

$$F_1 = \rho g h_{g1} A_1 = 1000 \times 9.8 \times (3+3) \times (6 \times 2) = 705.6\,\text{kN}$$

The force is acting at the center of pressure, and it is at a distance y_{c1} from the water surface Y_1 obtained as follows:

$$y_{c1} = \frac{I_{g1}}{y_{g1} A_1} + y_{g1} = \frac{\dfrac{2 \times 6^3}{12}}{6 \times (2 \times 6)} + 6 = 6.5\,\text{m}$$

Similarly, the resultant force F_2 on the inclined gate CD is given by the following equation.

$$F_2 = \rho g h_{g2} A_2 = 1000 \times 9.8 \times \left[2 + \left(\frac{2}{3} \times \sin 45^\circ \times 8 \right) \right] \times (\frac{1}{2} \times 3 \times 8) = 678.7\,\text{kN}$$

The force is acting at a distance y_{c2} from the point Y_2 and along the plane of the area CD, and it can be calculated as follows:

$$y_{c2} = \frac{I_{g2}}{y_{g2} A_2} + y_{g2} = \frac{\dfrac{2 \times 8^3}{36}}{\left(\dfrac{5.77}{\sin 45^\circ} \right) \times (\frac{1}{2} \times 3 \times 8)} + \frac{5.77}{\sin 45^\circ} = 8.45\,\text{m}$$

【Example 2-3】The curved area AB is arranging as shown in Fig. 2-3. Determine the horizontal F_H and vertical F_V components of the force per 1 m width due to water affecting curved area AB, where the radius $r=5$ m and the width $b=1$ m. Also, calculate the resultant force F by the horizontal and vertical components. In addition, determine the location of center of pressure for horizontal and vertical forces, y and x.

【Solution】The force acting on vertical projection CB, F_H and the weight of water on the area AB, F_V can be calculated as follows:

$$F_H = \rho g h_g A_{CB} = 1000 \times 9.8 \times 2.5 \times (5 \times 1) = 122.5\,\text{kN}$$

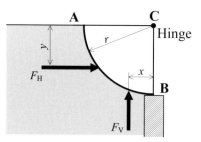

Fig. 2-3 Fluid force and center of pressure on curved wall

$$F_V = \rho g V = \frac{\rho g \pi r^2 b}{4} = \frac{1000 \times 9.8 \times \pi \times 5^2 \times 1}{4} = 192.4\,\text{kN}$$

Therefore, the resultant force F by both components is expressed as follows,

$$F = \sqrt{F_H^2 + F_V^2} = 228.1\,\text{kN}$$

The center of pressure for the horizontal component of force, y is calculated by the following equation.

$$y = y_g + \frac{I_{xG}}{y_g A_{CB}} = \frac{r}{2} + \frac{\dfrac{br^3}{12}}{\dfrac{r}{2} \times rb} = \frac{2}{3}r = 3.3\,\text{m}$$

Moreover, the center of gravity of a quadrant ACB is located at a distance, x is given by the following formula.

$$x = \frac{4r}{3\pi} = \frac{4 \times 5}{3\pi} = 2.12\,\text{m}$$

In addition, the distance x can be also calculated by balancing the moment at point C.

$$F_V \cdot x = F_H \cdot y$$

$$x = \frac{F_H}{F_V}\left(\frac{2}{3}r\right) = \frac{122.5}{192.4}\left(\frac{2}{3} \times 5\right) = 2.12\,\text{m}$$

【Example 2-4】 The solid wood cylinder is submerged in oil having the specific gravity of s_{oil}=0.8 as shown in **Fig. 2-4**. Here, the cylinder has the height of H=1.5 m, the diameter of D=0.8 m, and the specific gravity of wood s_{wood}=0.65. Answer the following questions: (1) Calculate the submerged depth of the cylinder h. (2) Determine the metacenter of the cylinder. (3) Would the cylinder be stable if it is placed vertically in the oil, as shown in the **Fig. 2-4**?

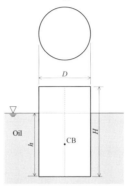

Fig. 2-4 Submerged solid wood cylinder in oil

【Solution】

(1) We need to find out the submerged depth of cylinder, h, when the solid wood cylinder is placed in the oil as shown in **Fig.2-4**. It is considered that the weight of cylinder in air, W is equal to the buoyant force, F_b acting on it, and they are given as follows:

$$W = s_{wood}\rho g V = 0.65 \times 1000 \times 9.8 \times 1.5 \times \frac{\pi \times 0.8^2}{4} = 4802.9\,\text{N}$$

$$W = F_b = s_{oil}\rho g V = 0.8 \times 1000 \times 9.8 \times h \times \frac{\pi \times 0.8^2}{4} = 3940.8h$$

Equating the forces, the submerged depth of cylinder, h, becomes 1.219 m.

(2) The center of buoyancy CB is located at a half distance of the submerged depth as

shown in **Fig. 2-5**.

$$\overline{CB} = h/2 = 1.219/2 = 0.609$$

The distance between the metacenter MC and center of buoyancy CB is calculated as follows:

$$\overline{MB} = \frac{I}{V_{\mathrm{S}}} = \frac{\dfrac{\pi \times 0.8^4}{64}}{1.219 \times \dfrac{\pi \times 0.8^2}{4}} = 0.0328\,\mathrm{m}$$

where I is the second moment area, and V_s is the submerged volume of cylinder. Thus, the metacenter is located 0.0328 m above the center of buoyancy as shown in **Fig. 2-5**.

(3) The center of gravity $\overline{CG}$ is on a half of the cylinder height.

$$\overline{CG} = H/2 = 1.5/2 = 0.75\,\mathrm{m}$$

And, the length between the center of gravity and the metacenter $\overline{GM}$ can be calculated as follows:

$$\overline{GM} = \overline{MB} - \overline{GB} = \overline{MB} - \left(\overline{CG} - \overline{CB}\right) = 0.0328 - \left(0.75 - 0.609\right) = -0.108\,\mathrm{m}$$

This means $\overline{GM}$ is 0.108 m lower than the center of gravity. Therefore, the wood cylinder is unstable inside the oil.

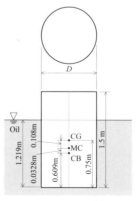

Fig. 2-5 Location of metacenter, center of buoyancy and center of gravity

【Example 2-5】 A rectangular tank of length L=5m, height H=3m and width W=2m contains water with a depth of H_w=1.5 m. If the tank is accelerated linearly in the horizontal direction of its length at a=2.8 m/s² , answer the following questions.

(1) Calculate the total force due to a water acting on each end of the tank F_{AB} and F_{CD}.

(2) Show that the difference between these forces equals the unbalanced force necessary to accelerate the liquid mass. Please refer to Fig. 2-6.

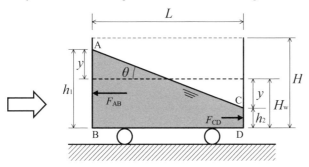

Fig. 2-6 Translation of liquid masses

【Solution】

(1) The slope angle of the water surface is

$$\tan\theta = \frac{\text{acceleration in horizontal direction}}{\text{gravitational acceleration}} = \frac{a}{g} = \frac{2.8}{9.8} = 0.286 \ ,$$

$$\therefore \theta = 15.95° \ .$$

From the Fig. 2-6, the depth h_2 at the shallow end is

$$h_2 = H_w - y = 1.5 - \frac{5}{2} \times \tan 15.95° = 0.786\,\text{m} \ ,$$

and the depth h_1 at the deep end is

$$h_1 = H_w + y = 1.5 + \frac{5}{2} \times \tan 15.95° = 2.214\,\text{m} \ .$$

And then, the total forces due to the water affecting each end of the tank are

$$F_{AB} = \rho g h_{1g} A = 1000 \times 9.8 \times (\frac{2.214}{2}) \times (2.214 \times 2) = 48.04\,\text{kN} ,$$

$$F_{CD} = \rho g h_{2g} A = 1000 \times 9.8 \times (\frac{0.786}{2}) \times (0.786 \times 2) = 6.05\,\text{kN} .$$

(2) The difference between the total forces due to the water affecting on each end of the tank is

$$F_{AB} - F_{CD} = 48.05 - 6.05 = 42.0\,\text{kN} .$$

The unbalanced force necessary to accelerate the liquid mass is the multiplication of the mass M and acceleration in the horizontal direction a.

$$F = M \times a = (5 \times 2 \times 1.5 \times 1000) \times 2.8 = 42.0\,\text{kN} .$$

Thus, the difference between these forces equals the unbalanced force necessary to accelerate the liquid mass.

【Example 2-6】 An open cylindrical tank of height H=6m and diameter R=2m, contains water of depth h_0=4.5m. If the cylinder rotates around its geometric axis, answer the following questions.

(1) What constant angular velocity ω can be attained without spilling any water?

(2) What is the pressure at point C and D at the bottom of the tank (Fig. 2-7(a)), when $\omega = 3.5\,\text{rad}/\text{s}$?

【Solution】

(1) Fig. 2-7(a) represents a cross-section thorough the rotating tank, and P is an arbitrary point at a distance r from the axis of rotation. Forces are the weight W and the centrifugal force F_c affecting on the vertical and horizontal directions respectively. The acceleration of centrifugal force is $r\omega^2$. The direction of the resultant forces F must be in the diagonal direction, as shown in Fig. 2-7(b). From Newton's second law,

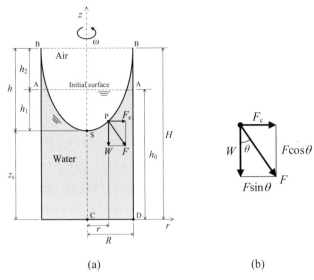

(a)   (b)

Fig. 2-7 Rotation of liquid masses

$$F_c = Ma_r \quad \text{or} \quad F\sin\theta = \frac{W}{g}r\omega^2 .$$

For the vertical direction, $F\cos\theta = W$.

From the above equations:

$$\frac{F\sin\theta}{F\cos\theta} = \tan\theta = \frac{r\omega^2}{g}$$

Here, θ is the angle between the r-axis and the perpendicular drawn to the curve at point P in Fig. 2-7(a). Thus, the slope of the tangent is,

$$\tan\theta = \frac{dz}{dr} = \frac{r\omega^2}{g} .$$

By integrating the above equation,

$$z = \frac{\omega^2}{2g}r^2 + C .$$

Evaluating the constant of integration C, when $r=0$, $z=z_s$, and $C=z_s$. Therefore,

$$z - z_s = \frac{\omega^2 r^2}{2g}$$

where, the volume of paraboloid of revolution equals the half of the volume circumscribed cylinder. If no liquid is spilled, this volume equals the volume above the original water level *AA*. Then,

$$\frac{1}{2}\left\{\pi R^2 \times (h_1 + h_2)\right\} = \pi R^2 \times h_2 \ ,$$

$$h_1 = h_2 = H - h_0 = 1.5\text{m} \ .$$

In general, the point on the axis of rotation drops by an amount equal to the rise of the liquid at the walls of the vessel. According to this, the *r* and *z* coordinates of points *B* are 1.5m and 3.0m respectively from origin S. Then,

$$h = \frac{\omega^2 R^2}{2g} \ ,$$

$$\omega = \frac{1}{R}\sqrt{2gh} = \frac{1}{2}\sqrt{2 \times 9.8 \times 3} = 3.83 \ \text{rad} / \text{s} \ .$$

(Alternative answer)

The volume of the air phase *V* is

$$V = \int_0^h \pi r^2 \cdot dz \ .$$

The shape of the water surface is:

$$z = \frac{\omega^2 r^2}{2g} \quad \text{or} \quad r^2 = \frac{2g}{\omega^2} z$$

$$V = \int_0^h \pi r^2 \cdot dz = \int_0^h \pi \frac{2g}{\omega^2} z \cdot dz = \frac{2g\pi}{\omega^2} \int_0^h z \cdot dz = \frac{g\pi}{\omega^2} h^2 \ .$$

The initial air phase volume V_0 is

$$V_0 = \pi R^2 \cdot h_2 \ .$$

Then,

$$V_0 = V \quad \text{or} \quad \pi R^2 \cdot h_2 = \frac{g\pi}{\omega^2} h^2 = \frac{g\pi}{\omega^2} \left(\frac{\omega^2 R^2}{2g} \right)^2 = \pi R^2 \cdot \frac{\omega^2 R^2}{4g} \ .$$

Therefore,

$$h_2 = \frac{\omega^2 R^2}{4g} = \frac{1}{2} h \quad \text{or} \quad \omega = \sqrt{\frac{4gh_2}{R^2}} = \sqrt{\frac{4 \times 9.8 \times 1.5}{2^2}} = 3.83 \, \text{rad} / \text{s} \ .$$

(2) When $\omega = 3.5 \, \text{rad/s}$,

$$h = \frac{\omega^2 R^2}{2g} = \frac{3.5^2 \times 2^2}{2 \times 9.8} = 2.5 \, \text{m} \quad \text{from S.}$$

Origin S drops $h/2 = 1.25$ m, and S is now 4.5-1.25=3.25 m from the bottom of the tank.

The walls of the tank depth is 3.25+2.5=5.75 m, or 4.5+1.25=5.75 m.

At point C,

$$p_C = \rho g h_{SC} = 10^3 \times 9.8 \times 3.25 = 31850 \, \text{Pa} = 31.9 \, \text{kPa} \ .$$

At point D,

$$p_D = \rho g h_{BD} = 10^3 \times 9.8 \times 5.75 = 56350 \, \text{Pa} = 56.4 \, \text{kPa} \ .$$

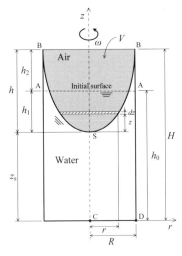

Fig. 2-8 Air phase volumes of rotational water tank

第2章　流体の静力学

Problems (Chapter 2)

【2-1】 Referring to Fig. 2-9, point A is L_2=0.4 m below the surface of liquid B (specific gravity 0.98) in the vessel.

(1) What is the gage pressure at A? If liquid A is mercury and the rise in height of L_1=35 cm in the tube.

(2) What is the gage pressure at A? If liquid A is water and the rise in height of L_1=35 cm in the tube.

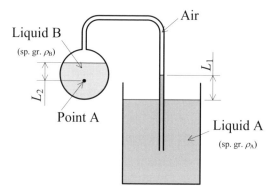

Fig. 2-9 Manometer

【2-2】 Find the difference in pressures between tanks A and B in Fig. 2-10. Assume the density of water ρ_{water}=1000 kg/m³, the density of air ρ_{air}=1.2 kg/m³ and the density of mercury ρ_{Hg}=13600 kg/m³.

(1) If L_1=280 mm, L_2=150 mm, L_3=360 mm, L_4=140 mm and θ=30 degree.

(2) If L_1=180 mm, L_2=220 mm, L_3=250 mm, L_4=160 mm and θ=45 degree.

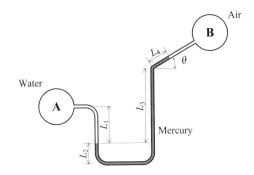

Fig. 2-10 Inclined manometer

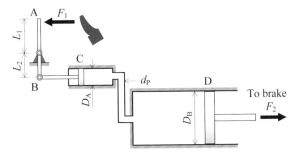

Fig. 2-11 Brake system

【2-3】 In a brake system as shown in Fig. 2-11, the brake pedal at point A is stepped on with a force of F_1=380 N. The Oil is filled between the piston C and piston D. The diameter of the pistons is D_A=40 mm and D_B=180 mm. Assume the density of oil ρ_{oil}=850 kg/m^3, the length of pedal is L_1=200 mm, and L_2=60 mm.

(1) Calculate the compression force F_C on the piston C using the values of F_1, L_1 and L_2.

(2) Calculate the braking force F_2.

(3) Estimate the pedaling stroke length LA for the pedal A, when the piston D moves for 5 mm.

【2-4】 Tank A and tank B are connected by gate AB having the height of h_A=3 m, and the width of b=2 m as shown in **Fig. 2-12**, where the gate is hinged at A. The left-side tank B is filled with water at a height of h_B=10 m, and the right-hand tank A is also filled with an oil of specific gravity of s_{oil}=0.85. The gage pressure of tank B is at p_B= -20 kPa and the tank A is open to the atmosphere. In **Fig. 2-12**, the IWS on level O means an imaginary water surface on which the gage pressure becomes zero. Answer the following questions:

(1) Calculate the force acting on the gate AB by oil and the center of pressure from A.

(2) Determine the position of center of gravity y_{cA} from oil surface A in the tank A and the distance h from water surface to the IWS in the tank B.

(3) Calculate the force acting on the gate AB by water and the center of pressure from the IWS.

(4) Determine the horizontal force at B for the equilibrium of gate AB.

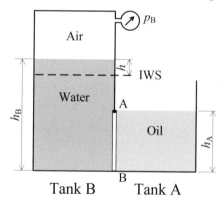

Fig. 2-12 Forces acting on gate between tanks

【2-5】 Fig. 2-13 (a) shows a car carrier is submerged at a depth of h from the sea surface. Assuming that the hull structure of car carrier as shown in **Fig. 2-13 (b)** is a cubic that has a length of $L=100$m, a height of $H=30$m and a width of $B=30$m. Moreover, the car loading space is cubic as the hull structure and is made of a steel plate of thickness $t=30$ cm with a specific gravity of $s_{steel}=7.8$. Here, the specific gravity of seawater is $s_{water}=1.04$. Answer the following questions.

(1) Calculate the submerged depth of car carrier.

(2) Determine the difference of depths before and after loading cars, if 2000 cars having the weight of 2000 kg are loaded on board.

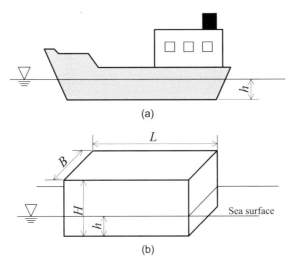

(a)

(b)

Fig. 2-13 Car carrier and hull structure

【2-6】A barge with a flat bottom and square ends of height $H=5.0$ m, width $W=14.0$ m and length $L=25.0$ m has a draft of $H_D=3.0$ m when fully loaded and is floating in an upright position. The center of gravity (CG) of the barge when fully loaded is on the axis of symmetry and $z=0.8$ m above the water surface as shown in Fig. 2-14. Is the barge stable? If it is stable, what is the righting moment assuming the angle of heel θ $=12$ degrees?

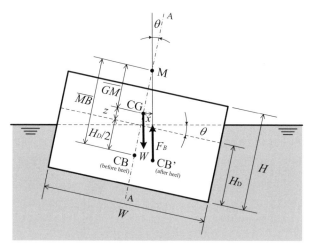

Fig. 2-14 Stability of submerged body

【2-7】 A cylindrical pipe of diameter d=50 mm and length L=800 mm is just filled with oil of specific gravity 0.802, and then capped. Placing in a horizontal position, it is rotated at ω=24.5 rad/s about a vertical axis at x_1=120 mm from one end of the cylinder as shown in Fig. 2-15. Determine the pressure difference between the far end and the near end of the pipe?

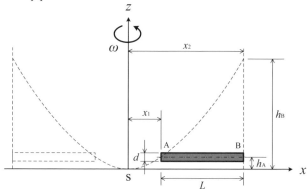

Fig. 2-15 Rotation pipe

解　答

【2-1】

(1) 水銀には大気圧が加わっているため，空気の位置は大気圧より減圧されている．この位置の圧力を求めると，

$$p_\text{air} = -13.6 \times 1000 \times 9.8 \times 0.35 = -46.6 \text{kPa}$$

となる．点 A は水面から 0.4m の位置にあるため，水深の分だけ加圧されることになる．この加圧量を空気の圧力に加えると

$$p_\text{A} = p_\text{air} + 0.98 \times 1000 \times 9.8 \times 0.4 = -42.8 \text{kPa}.$$

(2) 水銀が水に置き換わったとして計算すると，

$$p_\text{air} = -1000 \times 9.8 \times 0.35 = -3.4 \text{kPa}$$

となる．よって点 A での圧力は

$$p_\text{A} = p_\text{air} + 0.98 \times 1000 \times 9.8 \times 0.4 = 35.0 \text{kPa}.$$

【2-2】

各流体の密度を $\rho_\text{water} = 1000 \text{kg/m}^3$, $\rho_\text{air} = 1.2 \text{kg/m}^3$, $\rho_\text{Hg} = 13600 \text{kg/m}^3$ とし，タンク A，B 間の差圧を求める．

(1) L_1=280 mm, L_2=150 mm, L_3=360 mm, L_4=140 mm, θ=30° のとき，

$$p_\text{A} + \rho_\text{water} g L_1 = p_\text{B} + \rho_\text{Hg} g L_3 + \rho_\text{Hg} g L_4 \cos 30°,$$

$$p_\text{A} - p_\text{B} = 13600 \times 9.8 \times \left(0.36 + 0.14 \cos 30°\right) - 1000 \times 9.8 \times 0.28 = 61.4 \text{kPa}.$$

(2) L_1=180 mm, L_2=220 mm, L_3=250 mm, L_4=160 mm and, θ=45° のとき，

$$p_\text{A} + \rho_\text{water} g L_1 = p_\text{B} + \rho_\text{Hg} g L_3 + \rho_\text{Hg} g L_4 \cos 30°,$$

$$p_A - p_B = 13600 \times 9.8 \times \left(0.25 + 0.16\cos 45^\circ\right) - 1000 \times 9.8 \times 0.18 = 46.6\,\mathrm{kPa}.$$

【2-3】

(1) 点 B を介して，ピストン C が押される力は，てこの原理より，

$$380 \times 0.2 = F_C \times 0.06,$$

$$F_C = \frac{380 \times 0.2}{0.06} = 1266\,\mathrm{N}.$$

(2) ピストン D を介して，ブレーキに加わる力 F はパスカルの原理より

$$\frac{F_C}{A_C} = \frac{F_D}{A_D},$$

$$\frac{1266}{\frac{\pi}{4} \times 0.04^2} = \frac{F_D}{\frac{\pi}{4} \times 0.18^2},$$

$$F_D = 25.6\,\mathrm{kN}.$$

(3) ピストン C の移動量 L_C は，ピストン D に流入するオイル量 V_D とピストン C により押し出されたオイル量 V_C が等しくなることから，

$$V_C = V_D,$$

$$\frac{\pi}{4} \times 0.04^2 \times L_C = \frac{\pi}{4} \times 0.18^2 \times 0.005,$$

$$L_C = 0.101\,\mathrm{m}.$$

したがって，ブレーキペダルの移動量 L_A は，

$$L_A : L_C = L_1 : L_2$$

$$\frac{0.2}{L_A} = \frac{0.06}{L_C},$$

$$L_A = 0.336\,\mathrm{m} = 336\,\mathrm{mm}.$$

【2-4】

(1) 右側のタンク A に入っている油がゲート AB に及ぼす力 F_A と A からの圧力中心 y_{cA} を求める.

$$F_A = s_{oil}\rho_w g h_g A = 0.85 \times 1000 \times 9.8 \times 1.5 \times (3 \times 2) = 75.0\,\text{kN}$$

ただし, h_g はゲート AB の重心位置, F_A は左向きに作用している.

A からの圧力中心 y_{cA} は, 油面から重心までの距離 y_{gA} とゲートの断面二次モーメント ($I_g = b h_A^3 / 12$) より, 次のように求めることができる.

$$y_{cA} = \frac{I_g}{y_{gA}A} + y_{gA} = \frac{\frac{2 \times 3^3}{12}}{1.5 \times (3 \times 2)} + 1.5 = 2\,\text{m}.$$

(2) 静止流体において圧力は位置の関数として表される. このため, 右側のタンク A に満たされている油による圧力は, 表面 A（大気圧, すなわち, ゲージ圧=0）から深さ h_A=3 m まで, 次式のように深さ h によって線形変化する.

$$p = \rho g h$$

長方形断面を持つゲート AB において, 上式の圧力の重心位置は圧力中心と同じとなる. よって, 油の表面 A からの重心位置 h_{gA} は次の通りとなる.

$$h_{gA} = \frac{2}{3} \times 3 = 2\text{m} = y_{cA}$$

左側のタンク B において, ゲージ圧 p_B=－20 kPa が 0 となる水中の位置 h を架空の水面 O として定義し, 次式のように求める.

$$h = -\frac{p_B}{\rho g} = -\frac{20000}{1000 \times 9.8} = -2.04\,\text{m}$$

この圧力ヘッドは左側のタンク B の水面からの深さである.

(3) タンク B の架空の水面 O から A までの距離 h_{OA} は, 次の通りとなる.

$$h_{OA} = h_B - h - h_A = 10 - 2.04 - 3 = 4.96\,\text{m}$$

したがって，ゲート AB の圧力中心に作用するタンク B の水の右向き方向の力 F_B は次式で求められる.

$$F_B = \rho g(h_{OA} + h_g)A = 1000 \times 9.8 \times (4.96 + 1.5) \times (3 \times 2) = 379.8\,\text{kN}$$

次に，タンク B の水面 O からゲート AB の圧力中心 y_{cB} は，水面からゲートの重心までの距離 y_{gB} を用いて，次のようになる.

$$y_{cB} = \frac{I_g}{y_{gB}A} + y_{gB} = \frac{\dfrac{2 \times 3^3}{12}}{(4.96 + 1.5) \times (3 \times 2)} + (4.96 + 1.5) = 6.58\,\text{m}$$

(4) Fig.2-16 に，A 点を支点とした場合のゲート AB に作用する力と距離の関係を示す. ここで，点 A まわりのモーメントの和は 0 となる.

時計まわりを正として考えると，モーメントのつり合いは次式で表される.

$$F_A \times y_{cA} + F \times h_A - F_B \times y_{cAB} = 0$$

図中の A から圧力中心までの距離 y_{cAB} は，次のように求められる.

$$y_{cAB} = y_{cB} - h_{OA} = 6.58 - 4.96 = 1.62\,\text{m}$$

よって，点 B に作用する力 F は次式の通りとなる.

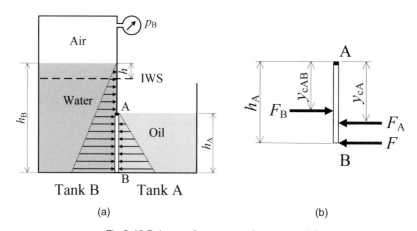

Fig.2-16 Balance of moment acting on gate AB

$$F = \frac{F_{\mathrm{B}} \times y_{\mathrm{cAB}} - F_{\mathrm{A}} \times y_{\mathrm{cA}}}{h_{\mathrm{A}}} = \frac{380 \times 10^3 \times 1.62 - 75 \times 10^3 \times 2}{3} = 155.2\,\mathrm{kN}$$

ここで，F の方向は左向きとなる．

【2-5】

(1) 船体が海面から沈んでいる深さ h を求める．

船体の重量　$W_1 = s_{\mathrm{steel}} \rho g V = s_{\mathrm{steel}} \rho g \{BLH - (B-2t)(L-2t)(H-2t)\} = 312 \times 10^6\,\mathrm{N}$

浮力　$F = s_{\mathrm{water}} \rho g B L h = 30.6 \times 10^6\,h$

ここで，船体の重量と浮力は等しいので，$W_1 = F$ より

　$h = 10.2\,\mathrm{m}$．

(2) 船内に質量 2000 kg の自動車を 2000 台積み込んだ場合を考える．

積み込んだ自動車の重量　$W_2 = mgN = 2000 \times 9.8 \times 2000 = 39.2 \times 10^6\,\mathrm{N}$

総重量　$W = W_1 + W_2$

$W=F$ より，質量 2000 kg の自動車 2000 台を積み込んだ時に船体が海面から沈む深さ h' は

　$h' = \dfrac{W_1 + W_2}{s_{\mathrm{water}} \rho g B L} = 11.5\,\mathrm{m}$．

よって，海面から沈む深さの増加量 Δh は，

　$\Delta h = h' - h = 1.3\,\mathrm{m}$．

【2-6】

　浮力の中心 CB (center of buoyancy)からメタセンタ M (metacenter) までの距離 $\overline{MB}$ は，

$$\overline{MB} = \frac{I}{V} = \frac{25 \times \dfrac{14^3}{12}}{25 \times 14 \times 3} = 5.444\,\mathrm{m}$$

であるから，メタセンタの高さ $\overline{GM}$ は，

$$\overline{GM} = \overline{MB} - 1.5 - 0.8 = 3.144\,\mathrm{m} > 0\,.$$

したがって，はしけは安定である．

はしけが $12°$ 傾いたときの復元モーメントは，

$$RightingMoment = F_\mathrm{B}x = W \cdot \overline{GM} \cdot \sin\theta$$

$$= \left(10^3 \times 9.8 \times 25 \times 14 \times 3\right) \times 3.144 \times \sin 12° = 6.7\,\mathrm{MN \cdot m}\,.$$

【2-7】

Fig. 2-15 において，A，B における圧力上昇高さ h_A, h_B は，

$$h_\mathrm{A} = \frac{\omega^2 r^2}{2g} = \frac{24.5^2 \times 0.12^2}{2 \times 9.8} = 0.441\,\mathrm{m}\,,$$

$$h_\mathrm{B} = \frac{\omega^2 r^2}{2g} = \frac{24.5^2 \times (0.12 + 0.8)^2}{2 \times 9.8} = 25.921\,\mathrm{m}\,.$$

パイプ内外端の圧力差 Δp は

$$\Delta p = \rho g(h_\mathrm{B} - h_\mathrm{A}) = 0.802 \times 10^3 \times 9.8 \times (25.921 - 0.441) = 200.3\,\mathrm{kPa}\,.$$

第3章　流体の動力学

　流体の運動，すなわち流れにおいては，静止している流体に作用する圧力と重力による力に加えて，流体には**慣性力**（inertia force）や**粘性力**（viscous force）などが作用するため，流れの解析は複雑化する．しかし，対象とする流体を理想流体と仮定したり，流れが定常流であったりする場合，流れは簡単に取り扱うことができる．この章では演習問題を通して，流れを力学的に取り扱うために必要な基礎式である連続の式（equation of continuity），ベルヌーイの式（Bernoulli's equation）および運動量方程式（equation of momentum）を学ぶ．

【Example 3-1】 Define the following terms:
(a) Streamline, (b) Steady flow, and (c) Incompressible flow.

【Solution】

(a) A streamline is an imaginary curve in a flow field at a certain instant of time, the tangent to which gives the instantaneous velocity vector at that point.

(b) A steady flow is a flow in which the state quantities such as velocity, pressure, and density do not change with time at any point in the fluid.

(c) An incompressible flow refers to a flow in which the density is constant within a fluid parcel i.e. an infinitesimal volume that moves with the flow velocity.

【Example 3-2】 Maintenance work is performing in a rectangular tank with a height of 3 m and a square base of 2 m × 2 m as shown in Fig. 3-1. Fresh air enters into the tank through a 200 mm diameter hose and exits through a 100 mm diameter port on the tank wall. A complete change of the air every 3 minutes is prescribed to provide an effective ventilation. The flow is assumed steady and incompressible. Determine (a) the exchange rate of the air needed (m³/min) for this tank, and (b) the velocity of the air entering and exiting the tank at this exchange rate.

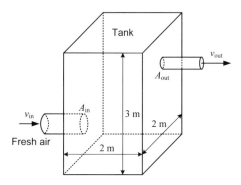

Fig. 3-1 Airflow thorough rectangular tank

【Solution】

(a) The necessary exchange rate of the air can be obtained from the tank volume,

$V = 3 \text{ m} \times 2 \text{ m} \times 2 \text{ m} = 12 \text{ m}^3$.

Thus, 12 m³ of fresh air is needed to provide one complete air exchange. Therefore, the required exchange rate, Q, is

$$Q = \frac{V}{\Delta t} = \frac{12 \text{ m}^3}{3 \text{ min}} = 4 \text{ m}^3/\text{min} .$$

(b) The law of conservation of mass (continuity equation) can be used to calculate the velocities at the inlet and outlet. Thus, the control volume formulation of the conservation of mass:

$$\frac{\partial}{\partial t} \int_{CV} \rho dV + \int_{CS} \rho(\vec{V} \cdot \vec{n}) dA = 0 . \tag{3-1}$$

Splitting the surface integral into two parts – one for the outgoing flow streams (positive) and one for the incoming streams (negative) – the general conservation of mass relation can also be expressed as

$$\frac{\partial}{\partial t}\int_{CV}\rho dV + \sum_{out}\int_A \rho v dA - \sum_{in}\int_A \rho v dA = 0 . \tag{3-2}$$

Considering the volume within the tank to be the control volume, A_{in} the cross-sectional area of the hose as it protrudes through the tank wall, and A_{out} the area of the port on the tank wall, the equation can be written as

$$\frac{\partial}{\partial t}\int_{CV}\rho dV + \sum \rho_{out} v_{out} A_{out} - \sum \rho_{in} v_{in} A_{in} = 0 . \tag{3-3}$$

Since the flow is assumed steady and incompressible.

$$\frac{\partial}{\partial t}\int_{CV}\rho dV = 0 .$$

and

$$\rho_{out} = \rho_{in} .$$

Thus, Eq. (3-3) reduces to

$$v_{out}A_{out} - v_{in}A_{in} = 0$$

or $\ v_{out}A_{out} = v_{in}A_{in} = Q$

which can be arranged to solve for V_{out} and V_{in}.

$$v_{out} = \frac{Q}{A_{out}} = \frac{4\ \text{m}^3/\text{min}}{\frac{\pi}{4}\left(\frac{100}{1000}\ \text{m}\right)^2} \approx 509.3\ \text{m/min} \approx 8.5\ \text{m/s} ,$$

$$v_{in} = \frac{Q}{A_{in}} = \frac{4\ \text{m}^3/\text{min}}{\frac{\pi}{4}\left(\frac{200}{1000}\ \text{m}\right)^2} \approx 127.3\ \text{m/min} \approx 2.1\ \text{m/s} .$$

【Example 3-3】 Air flows steadily between two sections in a long, straight portion of a pipe with diameter of 200 mm as shown in Fig. 3-2. The uniformly distributed temperature and pressure at each section are given. The average air velocity at section

2 is 304.8 m/s. Calculate the mean air velocity at section 1.

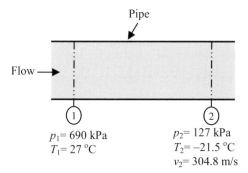

Fig.3-2 Steady compressible flow

【Solution】 The continuity equation for the control volume between section 1 and 2:

$$\frac{\partial}{\partial t}\int_{CV}\rho\,dV + \int_{CS}\rho(\vec{V}\cdot\vec{n})\,dA = 0 \qquad (3\text{-}4)$$

0 (flow is steady)

The control surface integral involves mass flow rates $\dot{m}$ at section 1 and 2 so that from Eq. (3.4) we obtain,

$$\int_{CS}\rho(\vec{V}\cdot\vec{n})\,dA = \dot{m}_2 - \dot{m}_1 = 0$$

or $\dot{m}_2 = \dot{m}_1$

or $\rho_2 v_2 A_2 = \rho_1 v_1 A_1$.

Since $A_1 = A_2$,

$$v_1 = \frac{\rho_2}{\rho_1} v_2 \,. \qquad (3\text{-}5)$$

Air at these given pressures and temperatures behaves like an ideal gas. The ideal gas equation of state is written as

$$\rho = \frac{p}{RT},\tag{3-6}$$

where R is the gas constant. Thus, combining Eq. 3.5 and 3.6 we obtain

$$v_1 = \frac{p_2 T_1}{p_1 T_2} v_2 = \frac{127 \times 10^3\,\text{Pa} \times (27+273)\,\text{K}}{690 \times 10^3\,\text{Pa} \times (-21.5+273)\,\text{K}} \times 304.8\,\text{m/s} \approx 66.9\,\text{m/s}.$$

【Example 3-4】 For a certain incompressible flow field the velocity components are given by,

$u = 2xy,$

$v = x^2 - y^2,$

$w = 0.$

Is this a physically possible flow field? Explain.

【Solution】 It must satisfy the continuity equation for the flow to be possible. For a steady incompressible flow of fluid, the density, ρ is a constant throughout the flow field, and thus, the continuity equation can be expressed as

$$\frac{\partial u}{\partial x} + \frac{\partial v}{\partial y} + \frac{\partial w}{\partial z} = 0\tag{3-7}$$

For the given velocity distribution

$$\frac{\partial u}{\partial x} = \frac{\partial}{\partial x}(2xy) = 2y,\quad \frac{\partial v}{\partial y} = \frac{\partial}{\partial y}(x^2 - y^2) = -2y,\text{ and }\quad \frac{\partial w}{\partial z} = \frac{\partial}{\partial z}(0) = 0.$$

Substituting these values into Eq. (3.7) gives

$$\frac{\partial u}{\partial x} + \frac{\partial v}{\partial y} + \frac{\partial w}{\partial z} = 2y - 2y + 0 = 0$$

which satisfies the continuity equation. Therefore, this is physically a fluid flow field.

【Example 3-5】 Water with a flow rate of $Q = 20$ l/s is flowing through the pipe as shown in Fig. 3-3. The inner diameter at section A is ϕd_A =150 mm, the inner diameter at section B is ϕd_B = 60 mm, and the distance between section A and section B is h = 500 mm. Find the pressure p_B in section B when the pressure p_A = 184 kPa in section A.

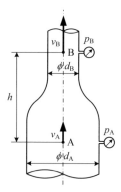

Fig. 3-3 Flow in vertical tube

【Solution】 Since the fluid is a liquid and no special condition is mentioned, it can be considered as a steady flow of incompressible fluid. From the equation of continuity, the flow velocities are as follows:

$$v_A = \frac{Q}{A_A} = \frac{4Q}{\pi d_A^2} = 1.13 \text{ m/s,}$$

$$v_B = \frac{Q}{A_B} = \frac{4Q}{\pi d_B^2} = 7.07 \text{ m/s.}$$

Applying the Bernoulli's theorem,

$$p_A + \frac{\rho v_A^2}{2} + \rho g z_A = p_B + \frac{\rho v_B^2}{2} + \rho g z_B.$$

Therefore, the pressure p_B at section B is,

$$p_B = p_A + \frac{\rho}{2}\,(v_A^2 - v_B^2) + \rho g(z_A - z_B) = 154.7 \text{ kPa.}$$

【Example 3-6】 Figure 3-4 shows a Venturi tube that is used to measure flow velocity in a pipe. The narrow section in the Venturi tube is called the throat. Derive an expression for the flow rate Q by using the cross-sectional areas A_1 and A_2, and the pressure difference $\Delta p\ (= p_1 - p_2)$. Here, the flow is inviscid, and the density of fluid is constant of ρ.

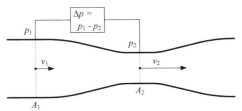

Fig. 3-4 Venturi tube

【Solution】 Applying the Bernoulli's equation to the wider (point 1) part and the throat (point 2) of the Venturi tube,

$$p_1 + \rho v_1^2/2 + \rho g z_1 = p_2 + \rho v_2^2/2 + \rho g z_2.$$

Since $z_1 = z_2$, $\Delta p = p_1 - p_2$ and the flow rate from the continuity equation is $A_1 v_1 = A_2 v_2$,

$$\Delta p = p_1 - p_2 = (\rho v_2^2/2)\ \{1 - (A_2/A_1)^2\}$$

Therefore,

$$v_2 = \frac{1}{\sqrt{1 - (A_2/A_1)^2}} \sqrt{\frac{2\Delta p}{\rho}}$$

Multiplying the throat area of A_2 to the above equation, the flow rate is

$$Q = \frac{A_2}{\sqrt{1 - (A_2/A_1)^2}} \sqrt{\frac{2\Delta p}{\rho}}\ .$$

【Example 3-7】 Steam with a velocity of $U_1 = 40$ m/s and an enthalpy of $h_1 = 3,000$

kJ/kg enters a turbine. The steam flow out the turbine as a mixture of vapor and liquid with a velocity of $U_2 = 80$ m/s and an enthalpy of $h_2 = 1,500$ kJ/kg. If the flow through the turbine is adiabatic and the change in elevation of the steam is negligible, find the turbine output per unit mass of steam.

【Solution】Since the flow is adiabatic and the change of potential energy is ignored, $q = 0$ and $z_2 - z_1 = 0$. Substituting these equations into the energy equation,

$$(h_2 - h_1) + (\frac{U_2^2}{2} - \frac{U_1^2}{2}) = w.$$

Therefore,

$$w = (1500 - 3000) \times 10^3 + \left(\frac{80^2}{2} - \frac{40^2}{2}\right) = -1,498 \text{ kJ/kg}.$$

The output of turbine is 1,498 kJ/kg.

【Example 3-8】 As shown in Fig. 3-5, a water jet with a temperature of 20°C (The water density is $\rho = 998$ kg/m³) impinges horizontally on a plate with an angle of $\theta = 30°$ at a velocity of $V = 15$ m/s. The diameter of the jet is $d = 30$ mm. The jet that collided with the plate is then divided into two directions, direction ① and direction ②. Assuming that the friction between the jet and the plate is negligible. Answer the following questions,

(a) Find the force F_A exerted by the jet on the plate.
(b) Find the flow rates Q_1 and Q_2 in each direction.

【Solution】

(a) Let the vertical direction to the plate be the x-direction and the direction parallel to the plate be the y-direction. From the law of momentum,

$$F_A = -(F_x) = 0 - \rho Q V \sin\theta$$

$$= -\rho A V^2 \sin\theta = -998 \times \pi / 4 \times 0.03^2 \times 15^2 \times \sin30° = -79.4 \text{ N}.$$

(b) The jet and the flow on the plate are all under the atmospheric pressure, and applying the Bernoulli's theorem $V = V_1 = V_2$. If the law of momentum law is applied in the y-direction and the friction is negligible,

$$F_y = \rho Q_1 V - \rho Q_2 V - \rho Q V \cos\theta = 0. \tag{3-8}$$

On the other hand, from the equation of continuity,

$$Q_1 + Q_2 = Q \tag{3-9}$$

From Eq. (3-8) and (3-9),

$$Q_1 = \frac{1 + \cos\theta}{2} Q = \frac{1 + \cos\theta}{2} A V$$

$$= \frac{1 + \cos30°}{2} \times \frac{\pi}{4} \times 0.03^2 \times 15 = 9.89 \times 10^{-3} \text{ m}^3/\text{s}$$

and,

$$Q_2 = \frac{1 - \cos\theta}{2} Q = \frac{1 - \cos\theta}{2} A V$$

$$= \frac{1 - \cos30°}{2} \times \frac{\pi}{4} \times 0.03^2 \times 15 = 0.71 \times 10^{-3} \text{ m}^3/\text{s}.$$

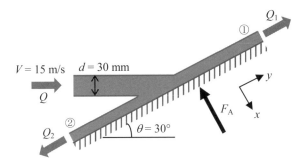

Fig. 3-5 Impinging jet to plate

Problems (Chapter 3)

【3-1】 A hose pipe attached with a nozzle is used to fill a 40 liters plastic bucket as shown in **Fig. 3-6**. The inner diameter of the hose pipe is 30 mm, and it reduces to 10 mm at the nozzle exit. If it takes 60 s to fill the bucket with water, determine (a) the volume and mass flow rates of water through the hose pipe, and (b) the average velocity of water at the nozzle exit.

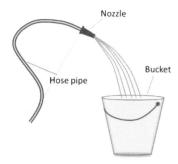

Fig. 3-6 Water flow through hose pipe into bucket

【3-2】 The water flow through a pipe with a diameter of d=100 mm fills a cylindrical tank as shown in **Fig. 3-7**. At time t=0, the water depth in the tank is 250 mm. Estimate the time required to fill the remainder of the tank.

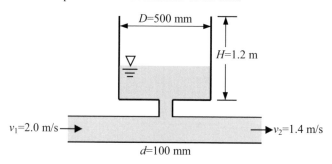

Fig. 3-7 Water flow through pipe

【3-3】 In a duct of constant diameter a few layers of electric heater are placed as shown in **Fig.** 3-8. A small fan pulls the air in and forces through the heaters where the air gets heated. If the density of air is 1.20 kg/m^3 at the inlet and 1.05 kg/m^3 at the exit of the duct, determine the percent increase in the velocity of air as it flows through the duct.

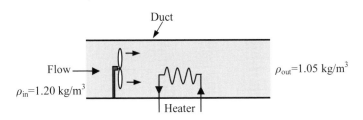

Fig. 3-8 Airflow heated in duct

【3-4】 The velocity distribution for the flow of an incompressible fluid is given by

$u = 3 - x$,

$v = 4 + 2y$,

$w = 2 - z$.

Show that this flow satisfies the requirements of the continuity equation.

【3-5】 Determine which of the following functions of u and v are possible steady compressible flow.

(a)　$u = kxy + y$,

　　$v = kxy + x$.

(b)　$u = x^2 + y^2$,

　　$v = -2xy$.

【3-6】 Derive an expression for the flow velocity v in a steady flow (density ρ) using the Pitot tube shown in **Fig.** 3-9. Here, the fluid is inviscid and incompressible, and the difference in liquid levels in the differential manometer (density ρ') is h.

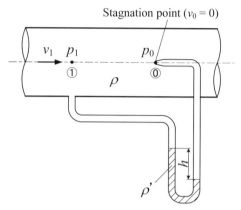

Fig. 3-9 Pitot tube

【3-7】 A closed tank is filled with a liquid as shown in **Fig.** 3-10. Answer the following questions when the liquid ejecting out of the tank through an orifice on the tank wall. Assuming that the losses are negligible.

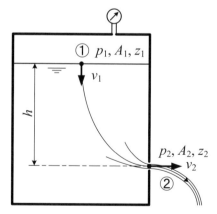

Fig. 3-10 Tank orifice

(a) Find the velocity v_2 of the jet flowing out of the orifice when the pressure and the cross-sectional area at section ① are p_1 and A_1, respectively, and the pressure and the cross-section at section ② are p_2 and A_2, respectively.

(b) When the top of tank is open to the atmosphere and $A_1 \gg A_2$, find the velocity v_2 of the jet flowing out of the orifice.

【3-8】 As shown in **Fig. 3-11**, a plug with a diameter of $d_p = 350$ mm is installed at the end of a circular pipe with a diameter of $d = 250$ mm. Air at 20°C flows in the circular pipe, and air leaks out though the gap ($h = 20$ mm) between the plug and the circular pipe into the atmosphere at a velocity of $V = 12.0$ m/s. Answer the following questions when the flow friction loss is negligible.

(a) Find the flow rate Q in the pipe.

(b) Find the gauge pressure p_1 at point ①.

(c) Find the gauge pressure p_2 at point ②.

(d) Find the force F required to hold the plug.

Here, the difference between the cross-sectional area A_p of the plug and the cross-sectional area A_1 of the pipe is assumed to be sufficiently small.

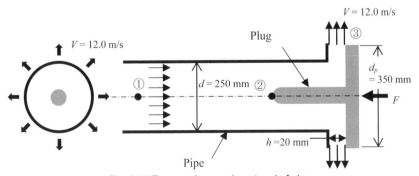

Fig. 3-11 Force acting on plug at end of pipe

【3-9】 In the impeller of a centrifugal pump as shown in **Fig. 3-12**, the specifications are r_1 = 75 mm, r_2 = 250 mm, β_1 = 60 °, β_2 = 45 °, and the axial width of the impeller is $b_1 = b_2$ = 25mm. When water with a flow rate of Q = 113 l/s flows into the impeller without any collision at the inlet of the impeller, answer the following questions:

  (a) Find the impeller speed n.

  (b) Find the torque T applied to the fluid by the impeller.

  (c) Find the impeller power P_w that exerted to the water.

  (d) Find the Euler head H_{th}.

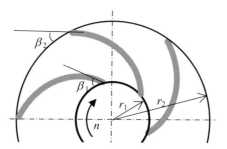

Fig. 3-12 Centrifugal pump

【3-10】 Calculate whether the velocity potential ϕ and stream function ψ exist for the following two-dimensional flow fields. Find the velocity potential and stream function if they exist.

  (a) $u = y$, $v = x$,

  (b) $u = y$, $v = -x$,

  (c) $u = x^3y$, $v = xy^2$.

解 答

【3-1】

(a) 水の密度を 10^3 kg/m^3 とする．40 l の水が 60 s で排出されるため，水の体積流量と質量流量は，それぞれ

$$Q = \frac{\text{volume}}{\text{time}} = \frac{V}{\Delta t} = \frac{40 \times 10^{-3}}{60} = 0.667 \times 10^{-3} \quad \text{m}^3/\text{s}$$

$$\dot{m} = \rho Q = 10^3 \times 0.667 \times 10^{-3} = 0.667 \text{ kg/s}$$

(b) ノズル出口の断面積は，

$$A = \frac{\pi}{4} D^2 = \frac{\pi}{4} (10 \times 10^{-3})^2 = 7.85 \times 10^{-5} \text{ m}^2$$

したがって，ノズル出口における平均流速は，

$$Q = \frac{\text{volume}}{\text{time}} = \frac{V}{\Delta t} = \frac{40 \times 10^{-3}}{60} = 0.667 \times 10^{-3} \quad \text{m}^3/\text{s}$$

$$v_\text{e} = \frac{Q}{A} = \frac{0.667 \times 10^{-3}}{7.85 \times 10^{-5}} = 8.49 \text{ m/s}$$

【3-2】

タンクとタンクの下の管路の部分を囲む検査体積について，

$$\frac{\mathrm{d}}{\mathrm{d}t}\left[\int \rho \mathrm{d}V\right] + \dot{m}_\text{out} - \dot{m}_\text{in} = \frac{\mathrm{d}}{\mathrm{d}t}\left[\int \rho A \mathrm{d}h\right] + \dot{m}_\text{out} - \dot{m}_\text{in} = 0$$

$$\rho A \frac{\mathrm{d}h}{\mathrm{d}t} + (\rho A v)_\text{out} - (\rho A v)_\text{in} = 0$$

$$\rho \frac{\pi D^2}{4} \frac{\mathrm{d}h}{\mathrm{d}t} = \rho \frac{\pi d^2}{4} (v_1 - v_2)$$

$$\frac{\mathrm{d}h}{\mathrm{d}t} = \frac{d^2}{D^2}(v_1 - v_2) = \left(\frac{0.1}{0.5}\right)^2 \times (2.0 - 1.4) = 0.024 \ \mathrm{m/s}$$

$$\therefore \Delta t = \frac{\Delta h}{\mathrm{d}h/\mathrm{d}t} = \frac{1.2 - 0.25}{0.024} = 39.6 \ \mathrm{s}$$

【3-3】

ダクトの入口と出口の間に連続の式を適用すると,

$$\dot{m}_{\mathrm{out}} = \dot{m}_{\mathrm{in}} \quad \text{または} \quad (\rho A v)_{\mathrm{out}} = (\rho A v)_{\mathrm{in}}$$

ダクトの直径は一定,すなわち $A_{\mathrm{out}} = A_{\mathrm{in}} = A$ であるため,

$$v_{\mathrm{out}} = \frac{\rho_{\mathrm{in}}}{\rho_{\mathrm{out}}} v_{in} = \frac{1.20}{1.05} v_{\mathrm{in}} = 1.143 \times v_{\mathrm{in}}$$

$$\frac{v_{\mathrm{out}}}{v_{\mathrm{in}}} = 1.143$$

したがって,気流速度はダクトの入口から出口にかけて 14.3% 増加する.

【3-4】

$$\frac{\partial u}{\partial x} = \frac{\partial}{\partial x}(3 - x) = -1$$

$$\frac{\partial v}{\partial y} = \frac{\partial}{\partial y}(4 + 2y) = 2$$

$$\frac{\partial w}{\partial z} = \frac{\partial}{\partial z}(2 - z) = -1$$

これらを 3 次元定常流れにおける連続の式に代入すると,

$$\frac{\partial u}{\partial x} + \frac{\partial v}{\partial y} + \frac{\partial w}{\partial z} = -1 + 2 - 1 = 0$$

したがって,この流れは連続の式の条件を満たしている.

【3-5】

(a)

$$\frac{\partial u}{\partial x} = \frac{\partial}{\partial x}(kxy + y) = ky$$

$$\frac{\partial v}{\partial y} = \frac{\partial}{\partial y}(kxy + x) = kx$$

これらを 2 次元定常流れの連続の式に代入すると，

$$\frac{\partial u}{\partial x} + \frac{\partial v}{\partial y} = ky + kx \neq 0$$

したがって，この流れは連続の式の条件を満たしていない．

(b)

$$\frac{\partial u}{\partial x} = \frac{\partial}{\partial x}(x^2 + y^2) = 2x$$

$$\frac{\partial v}{\partial y} = \frac{\partial}{\partial y}(-2xy) = -2x$$

これらを 2 次元定常流れの連続の式に代入すると，

$$\frac{\partial u}{\partial x} + \frac{\partial v}{\partial y} = 2x - 2x = 0$$

したがって，この流れは連続の式の条件を満たしている．

【3-6】

　Fig. 3-9 のように，ピトー全圧管が正しく流れ方向に向いている場合，点⓪はよどみ点となり，この点の流速は $v_0 = 0$ である．したがって，同一流線上の点⓪とそれより十分に離れている上流の点①との間にベルヌーイの式を適用すると，

$$p_0 = p_1 + \frac{\rho v_1^2}{2}$$

となる．ここで，p_0 は全圧，p_1 は静圧，$\rho v_1^2/2$ は動圧である．上式より，流速 v_1 は，次式で表される．

$$v_1 = \sqrt{\frac{2}{\rho}(p_0 - p_1)}$$

また，圧力差 $p_0 - p_1$ を示差マノメータで測定するとき $p_0 - p_1 = (\rho'-\rho)gh$ であり，したがって，上式は次のように表される．

$$v_1 = \sqrt{\frac{2}{\rho}(\rho' - \rho)gh} = \sqrt{2g\left(\frac{\rho'}{\rho} - 1\right)h}$$

【3-7】

(a) タンクの液面①における圧力，速度，高さをそれぞれ p_1, v_1, z_1, オリフィスの縮流部②における圧力，速度，高さをそれぞれ p_2, v_2, z_2 として，同一流線上の点①と点②にベルヌーイの式を適用すると次式が得られる．

$$p_1 + \frac{\rho v_1^2}{2} + \rho g z_1 = p_2 + \frac{\rho v_2^2}{2} + \rho g z_2$$

さらに，連続の式より $A_1 v_1 = A_2 v_2$，2 点間の高さの差 $h = z_1 - z_2$ である．したがって，噴流速度 v_2 は次式で表される．

$$v_2 = \frac{1}{\sqrt{1 - (A_2/A_1)^2}} \sqrt{2g(h + \frac{p_1 - p_2}{\rho g})}$$

となる．

(b) タンクの液面が大気に開放されているときには $p_1 = p_2 =$ 大気圧であり，さらに，$A_1 \gg A_2$ より $A_2/A_1 = 0$．したがって，上式は

$$v_2 = \sqrt{2gh}$$

となる．これをトリチェリの定理という．

【3-8】

(a)　$Q = A_3 V_3 = \pi d_{\mathrm{p}} h V_3 = \pi \times 0.35 \times 0.02 \times 12.0 = 0.264 \ \mathrm{m^3/s}$

(b)　連続の式 $Q = A_1 V_1$ より

$$V_1 = \frac{Q}{A_1} = \frac{0.264}{\left(\pi \times 0.25^2 \big/ 4\right)} = 5.38 \ \mathrm{m/s} \tag{3-10}$$

また，ベルヌーイの式より

$$p_1 + \frac{\rho}{2} V_1^2 = p_3 + \frac{\rho}{2} V_3^2 \quad \Rightarrow \quad p_1 - p_3 = \frac{\rho}{2}\left(V_3^2 - V_1^2\right) \tag{3-11}$$

式(3-10)，(3-11)より

$$p_1 - p_3 = \frac{\rho}{2}(V_3^2 - V_1^2) = \frac{1.2}{2} \times (12.0^2 - 5.38^2) = 69.0 \ \mathrm{Pa}$$

(c)　ベルヌーイの式および点②がよどみ点（$V_2 = 0$）であることから

$$p_2 = p_1 + \frac{\rho}{2} V_1^2 = 69.0 + \frac{1.2}{2} \times 5.38^2 = 86.4 \ \mathrm{Pa}$$

(d)　下図のように検査体積を考えると，運動量の法則より

$$0 - \rho Q V_1 = p_1 A_1 - F - p_3 A_p$$

$$F = \rho Q V_1 + p_1 A_1 - p_3 A_{\mathrm{p}}$$

したがって，$p_3 = 0$（大気圧）より

$$F = \rho Q V_1 + p_1 A_1 = 1.2 \times 0.264 \times 5.38 + 69.0 \times \frac{\pi}{4} \times 0.25^2 = 5.09 \ \mathrm{N}$$

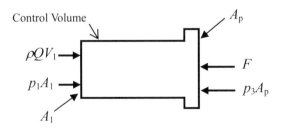

【3-9】

入口，出口の速度三角形は下図のように示される．

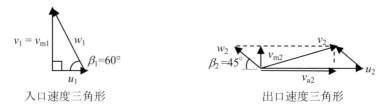

入口速度三角形　　　　　　　　　出口速度三角形

(a)

$$v_1 = v_{m1} = \frac{Q}{2\pi r_1 b_1} = \frac{0.113}{2\pi \times 0.075 \times 0.025} = 9.59 \text{ m/s}$$

$$v_{m2} = \frac{Q}{2\pi r_2 b_2} = \frac{0.113}{2\pi \times 0.25 \times 0.025} = 2.88 \text{ m/s}$$

入口の速度三角形より，

$$u_1 = v_{m1}\cot\beta_1 = 9.59 \times \cot60° = 5.54 \text{ m/s}$$

したがって，

$$\omega = u_1/r_1 = 5.54/0.075 = 73.9 \text{ rad/s}$$

よって，

$$n = 60\omega/(2\pi) = 706 \text{ rpm}$$

また，

$$u_2 = r_2\omega = 0.25 \times 73.9 = 18.5 \text{ m/s}$$

(b)　出口の速度三角形より，

$$v_{u2} = u_2 - v_{m2}\cot\beta_2 = 18.5 - 2.88 \times \cot45° = 15.6 \text{ m/s}$$

よって，羽根車が流体に与えるトルク T は，

$$T = \rho Q (v_{u2}r_2 - v_{u1}r_1) = 10^3 \times 0.113 \times (15.6 \times 0.25 - 0) = 441 \text{ N·m}$$

(c)

$$P_w = T\omega = 441 \times 73.9 = 32.6 \times 10^3 = 32.6 \text{ kW}$$

(d)

$$T\omega = \rho g Q H_{\text{th}}$$

上式より，

$$H_{\text{th}} = \frac{T\omega}{\rho g Q} = \frac{32.6 \times 10^3}{10^3 \times 9.8 \times 0.113} = 29.4 \text{ m}$$

【3-10】

渦度 ζ および連続の式に，u, v を代入すると，

(a)　$\zeta = \dfrac{\partial v}{\partial x} - \dfrac{\partial u}{\partial y} = 1 - 1 = 0$,　$\dfrac{\partial u}{\partial x} + \dfrac{\partial v}{\partial y} = 0 + 0 = 0$

となる．渦なし（$\zeta = 0$）であり，連続の式を満足するため，速度ポテンシャル ϕ および流れ関数 ψ が存在する．

速度ポテンシャル ϕ は，

$$\phi = \int u\,dx + f(y) = yx + f(y) \text{ , } \phi = \int v\,dy + f(x) = xy + f(x)$$

となる．ただし，$f(x)$, $f(y)$ は，それぞれ，x, y の関数とする．これらの2式を満足する速度ポテンシャル ϕ は，C を定数とすると，

$$\phi = xy + C$$

となる．流れ関数 ψ も同様にして求めると，

$$\psi = \int u\,dy + f(x) = \frac{y^2}{2} + f(x) \text{ , } \psi = \int -v\,dx + f(y) = -\frac{x^2}{2} + f(y)$$

これらの2式を満足する流れ関数 ψ は，

$$\psi = \frac{1}{2}\left(y^2 - x^2\right) + C$$

となる．ただし，C は定数である．

(b)　$\zeta = \dfrac{\partial v}{\partial x} - \dfrac{\partial u}{\partial y} = -1 - 1 = -2 \neq 0$,　$\dfrac{\partial u}{\partial x} + \dfrac{\partial v}{\partial y} = 0 + 0 = 0$

より，連続の式を満足するため，流れ関数 ψ が存在する．一方, 渦あり $(\zeta \neq 0)$ であるため速度ポテンシャル ϕ は存在しない．したがって，流れ関数 ψ は，

$$\psi = \int u\,dy + f(x) = \frac{y^2}{2} + f(x) \ , \quad \psi = \int -v\,dx + f(y) = \frac{x^2}{2} + f(y)$$

となる．ここで，$f(x)$, $f(y)$ は，それぞれ，x, y の関数であり，これらの2式を満足する流れ関数 ψ は，C を定数とすると，

$$\psi = \frac{1}{2}\left(x^2 + y^2\right) + C$$

となる．

(c) $\zeta = \dfrac{\partial v}{\partial x} - \dfrac{\partial u}{\partial y} = y^2 - x^3 \neq 0, \quad \dfrac{\partial u}{\partial x} + \dfrac{\partial v}{\partial y} = 3x^2 y + 2xy \neq 0$

より，渦ありで，かつ連続の式を満足していないため，速度ポテンシャル ϕ および流れ関数 ψ は存在しない．

第4章　管路内の流れ

　この章では, 流れを**レイノルズ数**(Reynolds number)によって**層流**(laminar flow)と**乱流**(turbulent flow)に区別できることや, 管路内流れにおける層流や乱流の場合の**管摩擦損失**(pipe friction loss / friction loss in pipe flow)について演習問題を通して学ぶことにする. また, 管路における各種の損失についても学ぶ.

【Example 4-1】 Water flows through a circular pipe with inner diameter d = 5.0 cm. Find the critical velocity U_c [m/s] in the pipe. Here the kinematic viscosity of water is $\nu = 1.12 \times 10^{-6}$ m^2/s.

【Solution】 Since the critical Reynolds number Re_c in a circular pipe is around 2300, the critical velocity U_c is calculated as follows:

$$U_c = \frac{Re_c \nu}{d} = \frac{2300 \times 1.12 \times 10^{-6}}{0.050} \approx 0.052 \text{ m/s}.$$

【Example 4-2】 Oil with viscosity μ = 33.5 mPa·s and specific gravity s = 0.83 flows through a circular pipe with an inner diameter d = 50 mm. The volume flow rate Q for the oil is 3 L/s. Determine the coefficient of pipe friction λ.

【Solution】 The Reynolds number Re based on the inner diameter d is

$$Re = \frac{Ud}{\dfrac{\mu}{\rho}} = \frac{\dfrac{4Q}{\pi d^2} \cdot d}{\dfrac{\mu}{1000s}} = \frac{\dfrac{4Q}{\pi d}}{\dfrac{\mu}{1000s}} = \frac{\dfrac{4 \cdot 3 \times 10^{-3}}{\pi \cdot 50 \times 10^{-3}}}{\dfrac{33.5 \times 10^{-3}}{1000 \times 0.83}} \approx 1893 < Re_c \approx 2300,$$

where U and ρ are the flow velocity and density of the oil, respectively. Since the flow of the oil is laminar, the coefficient of pipe friction λ is

$$\lambda = \frac{64}{Re} = \frac{64}{1893} \approx 0.034.$$

【Example 4-3】 Water flows with a flow rate of 120 L/min through a smooth pipe with diameter 50 mm at a temperature of 20°C as shown in **Fig. 4-1**.

(1) Calculate the head loss over a 100 m length of the pipe.

(2) Calculate the maximum velocity by the power law of Eq. (4-1).

$$\frac{u}{u_{\max}} = \left(\frac{y}{R}\right)^{\frac{1}{n}}, \quad n = 3.45\,Re^{0.07}, \quad \frac{u_{\mathrm{m}}}{u_{\max}} = \frac{2n^2}{(n+1)(2n+1)} \tag{4-1}$$

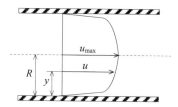

Fig. 4-1 Power law

【Solution】 Under this condition, the physical properties of water are

$$\rho = 998.2\,\mathrm{kg/m^3}, \quad \mu = 1.002 \times 10^{-3}\,\mathrm{Pa \cdot s}.$$

This pipe flow is turbulent flow because

$$Re = \frac{\rho u_{\mathrm{m}} d}{\mu} = \frac{4Q\rho}{\pi d \mu} = \frac{4 \times \left(0.12 \big/ 60\right) \times 998.2}{\pi \times 0.05 \times 1.002 \times 10^{-3}} \approx 5.07 \times 10^4 > 2300,$$

where u_{m} is the average velocity.

(1) By the Blasius formula, the friction coefficient is

$$\lambda = 0.3164\,Re^{-\frac{1}{4}} = 0.3164 \times \left(5.07 \times 10^4\right)^{-\frac{1}{4}} \approx 0.0211.$$

Therefore, according to the Darcy–Weisbach formula, the head loss is calculated as follows:

$$\Delta h = \lambda \frac{l}{d} \frac{u_m^2}{2g} = \lambda \frac{l}{d} \frac{\left(\frac{4Q}{\pi d^2}\right)^2}{2g} = 0.0211 \times \frac{100}{0.05} \times \frac{\left(\frac{4 \times 0.002}{\pi \times 0.05^2}\right)^2}{2 \times 9.81}$$

$$\approx 2.23\,\text{m}.$$

(2) By the power low of Eq. (4-1), the maximum velocity is calculated as

$$n = 3.45\,Re^{0.07} = 3.45 \times \left(5.07 \times 10^4\right)^{0.07} \approx 7.36,$$

$$u_{max} = \frac{u_m(n+1)(2n+1)}{2n^2} = \frac{\left(\frac{4Q}{\pi d^2}\right)(n+1)(2n+1)}{2n^2}$$

$$= \frac{\left(\frac{4 \times 0.002}{\pi \times 0.05^2}\right) \times (7.36+1) \times (2 \times 7.36+1)}{2 \times 7.36^2} \approx 1.24\,\text{m/s}.$$

【Example 4-4】 Water flows through a horizontal metal pipe with varying cross-sectional area, as shown in Fig. 4-2. The volume flow rate is $Q = 5$ L/s, the diameters of pipe are $d_1 = 8$ cm and $d_2 = 4$ cm, the lengths of pipe are $l_1 = 50$ cm and $l_2 = 40$ cm, the loss coefficient of the shrink part of the pipe is $\zeta_2 = 0.36$, and the coefficient of friction for the pipe wall is $\lambda = 0.01$. Calculate the total head loss h_s caused by the shrinkage and friction in the pipe (the height difference h_s of the liquid level in the glass tubes, which are attached to the section ① and section ②, is shown in this figure).

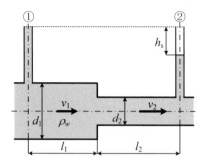

Fig. 4-2 Circular pipe with varying cross-sectional area

【Solution】 From the equation of continuity,

$$v_1 = \frac{Q}{\pi d_1^2 / 4} = \frac{0.005}{\pi \times 0.08^2 / 4} = 0.995 \text{m/s} ,$$

$$v_2 = \frac{Q}{\pi d_2^2 / 4} = \frac{0.005}{\pi \times 0.04^2 / 4} = 3.98 \text{m/s} .$$

The Bernoulli equation in consideration of the losses in a pipe flow is given by the following equation:

$$\frac{p_1}{\rho g} + \frac{v_1^2}{2g} + z_1 = \frac{p_2}{\rho g} + \frac{v_2^2}{2g} + z_2 + \zeta_2 \frac{v_2^2}{2g} + \lambda \left(\frac{l_1}{d_1} \frac{v_1^2}{2g} + \frac{l_2}{d_2} \frac{v_2^2}{2g} \right), \qquad (4\text{-}2)$$

where $z_1 = z_2$ because the tube is settled horizontally.

From Eq. (4-2), the total head loss h_s is given by

$$\begin{aligned}
h_s &= \frac{p_1 - p_2}{\rho g} = \frac{v_2^2 - v_1^2}{2g} + \zeta_2 \frac{v_2^2}{2g} + \lambda \left(\frac{l_1}{d_1} \frac{v_1^2}{2g} + \frac{l_2}{d_2} \frac{v_2^2}{2g} \right) \\
&= \left(\lambda \frac{l_1}{d_1} - 1 \right) \frac{v_1^2}{2g} + \left(\zeta_2 + \lambda \frac{l_2}{d_2} + 1 \right) \frac{v_2^2}{2g} \\
&= \left(0.01 \times \frac{0.5}{0.08} - 1 \right) \times \frac{0.995^2}{2 \times 9.81} + \left(0.36 + 0.01 \times \frac{0.4}{0.04} + 1 \right) \times \frac{3.98^2}{2 \times 9.81} \\
&= 1.13 \text{m} .
\end{aligned}$$

【Example 4-5】 As shown in **Fig.** 4-3, at total pressure p_0 = 10 MPa and temperature t_0 = 60°C, the air that is settled to a high-pressure tank filled with air is exhausted from a converging nozzle to the standard atmospheric pressure, p_b = 101.3 kPa. When the flow is choking at the nozzle exit, calculate the pressure p_e and the temperature T_e at the nozzle exit. Assume the air is treated as ideal gas with gas constant R = 287 J/(kg K) and the ratio of specific heats is κ = 1.4.

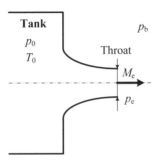

Fig. 4-3 Flow in converging nozzle

【Solution】As the flow is choking, the Mach number at the nozzle exit becomes M_e=1. Furthermore, as the flow is isentropic, the pressure p_e and the temperature T_e at the nozzle exit are obtained from the following isentropic flow equation.

From $\dfrac{p_e}{p_0}=\left(\dfrac{2}{\kappa+1}\right)^{\frac{\kappa}{\kappa-1}}$,

$$p_e = p_0\left(\frac{2}{\kappa+1}\right)^{\frac{\kappa}{\kappa-1}} = 10\times10^6\times\left(\frac{2}{2.4}\right)^{\frac{1.4}{0.4}} = 5.28\times10^6\,\text{Pa} .$$

From $\dfrac{T_e}{T_0}=\dfrac{2}{\kappa+1}$,

$$T_e = T_0\left(\frac{2}{\kappa+1}\right) = 333.15\times\left(\frac{2}{2.4}\right) = 277.6\,\text{K} .$$

第4章　管路内の流れ

Problems (Chapter 4)

【4-1】 Derive an expression for the pipe friction coefficient λ for a fully developed flow in a circular pipe with diameter $d = 2R$ and length L, where the Reynolds number is less than 2300. The velocity distribution u in the pipe (**Fig.** 4-4) is given by

$$u(r) = \frac{1}{4\mu}\frac{dp}{dx}(r^2 - R^2).$$

Here, p is pressure and μ is viscosity.

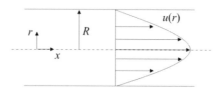

Fig. 4-4 Fully developed flow in a circular pipe

【4-2】 Oil flows in a circular pipe with inner diameter $d = 30$ mm and length $L = 10$ m. The volume flow rate Q for the oil is 15 L/min. Determine

(1) the Reynolds number Re,

(2) the flow velocity u_0 at the center of the pipe, and

(3) the pressure drop Δp.

Herein, the viscosity and density of the oil are $\mu = 0.020$ Pa·s and $\rho = 900$ kg/m^3, respectively.

【4-3】 The two-dimensional laminar flow configuration has two parallel flat walls as shown in **Fig. 4-5**. Obtain the following for this Couette–Poiseuille flow:

(1) velocity distribution,

(2) flow rate and wall shear stress, and

(3) maximum velocity.

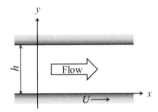

Fig. 4-5 Couette–Poiseuille flow

【4-4】 An air flows in a rough rectangular duct of 300 × 500 mm in cross-sectional area at a flow rate of 45 m³/min under the standard atmospheric pressure, 101.3 kPa, and temperature 20°C. When the surface roughness is 0.75 mm, calculate the pressure loss over a 200 m length of the duct.

【4-5】 As shown in Fig. 4-6, two tanks are connected with a metal pipe with varying cross-sectional areas, through which liquid with specific gravity of $s = 0.8$ flows. The diameters of the pipe are $d_1 = 16$ cm, $d_2 = 20$ cm, and $d_3 = 16$ cm, the lengths of pipe are $l_1 = 50$ m, $l_2 = 200$ m, and $l_3 = 50$ m, and the height difference between the two tanks is $H = 10$ m. Calculate the mass flow rate Q_m of the liquid in the metal pipe when the loss coefficients are $\zeta_i = 0.5$ for the inlet, $\zeta_1 = 0.13$ for the shrink part, $\zeta_2 = 0.16$ for the reduction part, $\zeta_b = 0.16$ for the bend, and $\zeta_e = 0.13$ for the exit including the velocity head, and the frictional loss coefficient is $\lambda = 0.01$ in the pipe wall. Assume that the diameter of the tank is larger than the metal pipe and the pressure of liquid level in two tanks is set to the atmospheric pressure p_0.

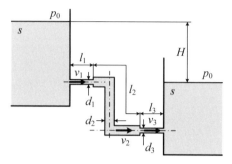

Fig. 4-6 Circular pipes with area change and a bend connecting two tanks

【4-6】 Liquid with specific gravity $s = 2$ gushes out a metal pipe, which connected with a tank, as shown in Fig. 4-7. The diameter of the pipe is $d = 10$ cm, the exit diameter of the pipe is $d_0 = 6$ cm, the inclination angle is $\theta = 30°$, and the height and lengths shown in the figure are $H = 4$ m, $l_1 = 50$ cm, and $l_2 = 1$ m. Calculate the mass flow rate of the liquid flows in the metal pipe Q_m when the loss coefficients are $\zeta_i = 0.5$ for the inlet, $\zeta_b = 0.1$ for the bend, and $\zeta_e = 0.11$ for the exit including the velocity head, and the frictional loss coefficient is $\lambda = 0.01$ in the pipe wall. Assume that the diameter of the tank is larger than the metal pipe, and the pressures on the liquid level in tank and at the exit of metal pipe are set to the atmospheric pressure p_0.

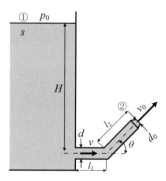

Fig. 4-7 Jet flow from converging nozzle settled on circular pipe with bend

【4-7】 As shown in Fig. 4-8, the exit pressure of the nozzle becomes p_e = 200 kPa, when the air is exhausted from a Laval nozzle with throat diameter d^* = 3 cm settled to an air tank filled with air at pressure p_0 = 2 MPa and total temperature T_0 = 350 K. Calculate the exit Mach number M_e and the nozzle exit diameter d_e. Assume that the jet is a correct expansion jet, the air is an ideal gas with gas constant R = 287 J/(kg K), and the ratio of specific heats is κ = 1.4.

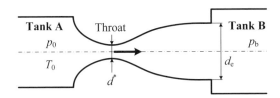

Fig. 4-8 Flow in convergent–divergent duct

【4-8】 As shown in Fig. 4-9, a shock wave is formed in a circular tube with a constant cross-section. Calculate the Mach number M_2 and velocity of gas u_2 in the downstream Region 2, when the total pressure is p_{01} = 2 MPa, the static pressure is p_1 = 100 kPa, and the static temperature is T_1 = 200 K in Region 1. Assume that the air is an ideal gas with gas constant R = 287 J/(kg K) and the ratio of specific heats is κ = 1.4.

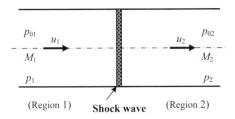

Fig. 4-9 Normal shock wave in a straight pipe

解　答

【4-1】

まず，管断面全体での流量 Q を管路内の流速分布 $u(r)$ を用いて求める．

$$Q = \int_0^R u(r)\cdot 2\pi r dr = \int_0^R \frac{1}{4\mu}\frac{dp}{dx}(r^2-R^2)\cdot 2\pi r dr = \frac{\pi}{2\mu}\frac{dp}{dx}\int_0^R r(r^2-R^2)dr$$

$$= -\frac{\pi}{2\mu}\frac{dp}{dx}\int_0^R r(R^2-r^2)dr = -\frac{\pi R^4}{8\mu}\frac{dp}{dx}$$

管の長さ L における圧力損失を Δp とすると，次式の関係を持つ．

$$-\frac{dp}{dx} = \frac{\Delta p}{L}$$

したがって，流量 Q は，管内径 $d = 2R$ を用いて，次のハーゲン・ポアズイユの法則が得られる．

$$Q = \frac{\pi R^4}{8\mu}\frac{\Delta p}{L} = \frac{\pi d^4}{128\mu}\frac{\Delta p}{L}$$

また，管路内の平均流速 u_m は，

$$u_m = \frac{4Q}{\pi d^2} = \frac{4\cdot\dfrac{\pi d^4}{128\mu}\dfrac{\Delta p}{L}}{\pi d^2} = \frac{d^2}{32\mu}\frac{\Delta p}{L}$$

となるから，圧力損失 Δp は，

$$\Delta p = \frac{32\mu}{d^2}u_m L$$

となる．一方，ダルシー・ワイスバッハの式より，管摩擦係数 λ は，

$$\lambda = \frac{\Delta p}{L}\frac{2d}{\rho u_m^2}$$

となる．上で求めた圧力損失 Δp を上式に代入すると，管摩擦係数 λ は，

$$\lambda = \frac{\dfrac{32\mu}{d^2}u_{\mathrm{m}}L}{L}\frac{2d}{\rho u_{\mathrm{m}}^2} = \frac{64\mu}{\rho d u_{\mathrm{m}}} = \frac{64}{Re}$$

で与えられる．ただし，Re（$= \rho u_{\mathrm{m}}d/\mu$）はレイノルズ数である．流れが層流の場合，管摩擦係数λは，レイノルズ数 Re のみの関数になることがわかる．

【4-2】

(1) 管路内の平均流速 u_{m} は，

$$u_{\mathrm{m}} = \frac{4Q}{\pi d^2} = \frac{4\times\dfrac{15\times10^{-3}}{60}}{\pi\times0.03^2} \approx 0.354 \,\mathrm{m/s}$$

である．レイノルズ数 Re は，

$$Re = \frac{u_{\mathrm{m}}d}{\dfrac{\mu}{\rho}} = \frac{0.354\times0.03}{\dfrac{0.020}{900}} \approx 478$$

したがって，これは円管内流れにおける臨界レイノルズ数 $Re_{\mathrm{c}}(=2300)$以下であり，この流れは層流である．

(2) 層流状態での円管の半径方向 r における流速 u と平均流速 u_{m} との関係は，管の半径を $R\,(=d/2)$とすると，

$$u(r) = 2u_{\mathrm{m}}\left(1-\frac{r^2}{R^2}\right)$$

で与えられる．したがって，管中心$(r=0)$での流速 u_0 は，上式より

$$u_0 = 2u_{\mathrm{m}} = 2\times0.354 = 0.708 \,\mathrm{m/s} .$$

(3) 層流における円管の圧力損失Δp は，

$$\Delta p = \frac{128\mu L}{\pi d^4}Q = \frac{128\times0.020\times10}{\pi\times0.03^4}\times\frac{15\times10^{-3}}{60} \approx 2515 \,\mathrm{Pa} .$$

【4-3】

(1) この場合，連続の式は $\dfrac{\partial u}{\partial x} = 0$ であるから，流れの加速度は $\dfrac{Du}{Dt} = u\dfrac{\partial u}{\partial x} = 0$ となる．したがって，ナビエ・ストークス方程式は次のように簡略化される．

$$\frac{\partial p}{\partial x} = \mu\frac{\partial^2 u}{\partial y^2} \,,\quad \frac{\partial p}{\partial y} = 0$$

u は y，p は x のみの関数となるため，偏微分方程式は，常微分方程式に書き換えられる．

$$\frac{dp}{dx} = \mu\frac{d^2 u}{dy^2}$$

上式を積分すると，

$$\frac{du}{dy} = \frac{1}{\mu}\frac{dp}{dx}y + C_1, \quad u = \frac{1}{2\mu}\frac{dp}{dx}y^2 + C_1 y + C_2 \quad (C_1,\ C_2 \text{ は積分定数})$$

となる．さらに，境界条件：$y = 0$ で $u = U$，$y = h$ で $u = 0$ から，

$$C_1 = -\frac{U}{h} - \frac{1}{2\mu}\frac{dp}{dx}h, \quad C_2 = U$$

となり，よって，速度分布は次のように表される．

$$u(y) = U - \frac{U}{h}y + \frac{h^2}{2\mu}\left(-\frac{dp}{dx}\right)\left\{\left(\frac{y}{h}\right) - \left(\frac{y}{h}\right)^2\right\}$$

(2) 流量 Q と壁面におけるせん断応力 τ_w は次のように表される．

$$Q = \int_0^h u\,dy = \frac{U}{2}h - \frac{h^3}{12\mu}\frac{dp}{dx}$$

$$\tau_w\big|_{y=0,h} = \mu\left(\frac{du}{dy}\right)_{y=0,h} = -\mu\frac{U}{h} \mp \frac{h}{2}\frac{dp}{dx}$$

(3) (1)の答えに $\Delta P = \{h^2/(2\mu)\}(-dp/dx)$ を代入すれば次のように表される．

$$u(y) = U - \frac{U}{h}y + \Delta P\left\{\left(\frac{y}{h}\right) - \left(\frac{y}{h}\right)^2\right\} = U + \frac{1}{h}\left\{-Uy + \Delta Py\left(1 - \frac{y}{h}\right)\right\}$$

極値においては $du/dy = 0$ であるから，

$$\frac{du}{dy} = \frac{1}{h}\left\{ -U + \Delta P\left(1 - \frac{2y}{h}\right)\right\} = 0$$

したがって，$y = \dfrac{h}{2}\left(1 - \dfrac{U}{\Delta P}\right)$ において最大速度となる．すなわち，

$$u_{max} = \frac{U}{2} + \frac{1}{4}\left(\Delta P + \frac{U^2}{\Delta P}\right).$$

【4-4】

20 ℃ の空気の物性値は，

$$\rho = 1.205\,\mathrm{kg/m^3}, \quad \mu = 1.822 \times 10^{-5}\,\mathrm{Pa \cdot s}$$

平均流速 u_m と水力直径 d_h は，

$$u_\mathrm{m} = \frac{Q}{A} = \frac{45\!\!\diagup\!\!60}{0.30 \times 0.50} = 5\,\mathrm{m/s}, \quad d_\mathrm{h} = \frac{2 \times 0.30 \times 0.50}{\left(0.30 + 0.50\right)} = 0.375\,\mathrm{m}$$

よって，レイノルズ数 Re は，

$$Re = \frac{\rho u_\mathrm{m} d_\mathrm{h}}{\mu} = \frac{1.205 \times 5 \times 0.375}{1.822 \times 10^{-5}} \approx 1.24 \times 10^5$$

である．また，ダクト内壁の相対あらさは，$\varepsilon/d_\mathrm{h} = 0.00075/0.375 = 0.002$ であるから，ムーディ線図で管摩擦係数 λ を読みとると，$\lambda = 0.025$ である．ゆえに，圧力損失 Δp は，

$$\Delta p = \lambda \frac{l}{d_\mathrm{h}} \frac{\rho u_\mathrm{m}^2}{2} = 0.025 \times \frac{200}{0.375} \times \frac{1.205 \times 5^2}{2} \approx 201\,\mathrm{Pa}.$$

【4-5】

連続の式から，

$$v_2 = \left(\frac{d_1}{d_2}\right)^2 v_1, \quad v_3 = \left(\frac{d_1}{d_3}\right)^2 v_1$$

2 つのタンクの高さの差 H と全損失ヘッドが等しいことから，以下の式が成り立つ．

$$H = \zeta_i \frac{v_1^2}{2g} + \zeta_1 \frac{v_1^2}{2g} + 2\zeta_b \frac{v_2^2}{2g} + \zeta_2 \frac{v_2^2}{2g} + \zeta_e \frac{v_3^2}{2g} + \frac{v_3^2}{2g} + \lambda\left(\frac{l_1}{d_1}\frac{v_1^2}{2g} + \frac{l_2}{d_2}\frac{v_2^2}{2g} + \frac{l_3}{d_3}\frac{v_3^2}{2g}\right)$$

よって，直径 d_1=16 cm の管内の速度 v_1 は次の式で与えられる．

$$v_1 = \sqrt{\frac{2gH}{\zeta_i + \zeta_1 + 2\zeta_b\left(\frac{d_1}{d_2}\right)^4 + \left(\frac{d_1}{d_3}\right)^4(\zeta_2 + \zeta_e + 1) + \lambda\left\{\frac{l_1}{d_1} + \frac{l_2}{d_2}\left(\frac{d_1}{d_2}\right)^4 + \frac{l_3}{d_3}\left(\frac{d_1}{d_3}\right)^4\right\}}}$$

$$= 3.98 \text{ m/s}$$

よって，質量流量 Q_m は以下の式で与えられる．

$$Q_m = s\rho_w Q = s\rho_w \frac{\pi}{4}d_1^2 v_1 = 64.0 \text{ kg/s} \quad （ここで，\rho_w は水の密度）$$

※出口損失係数 ζ_e は速度ヘッドを含めて定義する場合もあるので，注意すること．

【4-6】

連続の式から，

$$v = \left(\frac{d_0}{d}\right)^2 v_0$$

タンクの液面（記号①）と金属管出口（記号②）の間の損失を含むベルヌーイの式は以下の式で与えられる．

$$\frac{p_1}{\rho g} + \frac{v_1^2}{2g} + z_1 = \frac{p_2}{\rho g} + \frac{v_0^2}{2g} + z_2 + \zeta_i \frac{v^2}{2g} + \zeta_b \frac{v^2}{2g} + \zeta_e \frac{v_0^2}{2g} + \lambda\frac{l_1+l_2}{d}\frac{v^2}{2g}$$

ここで，$v_1 = 0$，$p_1 = p_2 = p_0$ であるから，出口速度 v_0 は以下の式で与えられる．

$$v_0 = \sqrt{\frac{2g(H - l_2\sin\theta)}{\zeta_e + 1 + \left(\frac{d_0}{d}\right)^4\left(\zeta_i + \zeta_b + \lambda\frac{l_1+l_2}{d}\right)}}$$

$$= \sqrt{\frac{2 \times 9.8 \times \left(4 - 1 \times \sin 30^\circ\right)}{0.11 + 1 + \left(\dfrac{0.06}{0.1}\right)^4 \times \left(0.5 + 0.1 + 0.01 \times \dfrac{0.5 + 1}{0.1}\right)}} = 7.54 \ \text{m/s}$$

よって，求める質量流量 Q_m は以下の式で与えられる．

$$Q_\text{m} = s \rho_\text{w} Q = s \rho_\text{w} \frac{\pi}{4} d_0{}^2 v_0 = 42.6 \ \text{kg/s}$$

【4-7】

等エントロピー流れであるので

$$\frac{p_0}{p_\text{e}} = \left(1 + \frac{\kappa - 1}{2} M_\text{e}{}^2\right)^{\frac{\kappa}{\kappa - 1}} \ \text{より}$$

$$M_\text{e} = \sqrt{\frac{2}{\kappa - 1}\left[\left(\frac{p_0}{p_\text{e}}\right)^{\frac{\kappa - 1}{\kappa}} - 1\right]} = 2.16$$

断面積比とマッハ数との関係式 $\dfrac{A_\text{e}}{A^*} = \dfrac{1}{M_\text{e}}\left[\dfrac{(\kappa - 1)M_\text{e}{}^2 + 2}{\kappa + 1}\right]^{\frac{\kappa + 1}{2(\kappa - 1)}}$ より，

$$d_\text{e} = d^* \sqrt{\frac{1}{M_\text{e}}\left[\frac{(\kappa - 1)M_\text{e}{}^2 + 2}{\kappa + 1}\right]^{\frac{\kappa + 1}{2(\kappa - 1)}}}$$

$$= 0.03 \times \sqrt{\frac{1}{2.16} \times \left[\frac{(1.4 - 1) \times 2.16^2 + 2}{1.4 + 1}\right]^{\frac{1.4 + 1}{2 \times (1.4 - 1)}}} = 0.0417 \ \text{m} = 41.7 \ \text{mm}$$

【4-8】

領域 1 と領域 2 内では等エントロピー流れの関係式が成り立つので

$$\frac{p_{01}}{p_1} = \left(1 + \frac{\kappa - 1}{2} M_1^2\right)^{\frac{\kappa}{\kappa - 1}} \text{ より}$$

$$M_1 = \sqrt{\frac{2}{\kappa - 1}\left[\left(\frac{p_{01}}{p_1}\right)^{\frac{\kappa - 1}{\kappa}} - 1\right]} = 2.60$$

衝撃波前後の関係式 $M_1^* M_2^* = 1 = \left(\dfrac{\dfrac{\kappa + 1}{2} M_1^2}{1 + \dfrac{\kappa - 1}{2} M_1^2}\right)\left(\dfrac{\dfrac{\kappa + 1}{2} M_2^2}{1 + \dfrac{\kappa - 1}{2} M_2^2}\right)$ より,

$$M_2 = \sqrt{\frac{(\kappa - 1) M_1^2 + 2}{2\kappa M_1^2 - (\kappa - 1)}} = 0.504$$

衝撃波前後の温度比　$\dfrac{T_2}{T_1} = \dfrac{\left[(\kappa - 1) M_1^2 + 2\right]\left[2\kappa M_1^2 - (\kappa - 1)\right]}{(\kappa + 1)^2 M_1^2}$　より

$$T_2 = T_1 \frac{\left[(\kappa - 1) M_1^2 + 2\right]\left[2\kappa M_1^2 - (\kappa - 1)\right]}{(\kappa + 1)^2 M_1^2}$$

$$= 200 \times \frac{\left[(1.4 - 1) \times 2.60^2 + 2\right]\left[2 \times 1.4 \times 2.60^2 - (1.4 - 1)\right]}{(1.4 + 1)^2 \times 2.60^2} = 448 \text{ K}$$

よって，速度 u_2 は次式で求められる.

$$u_2 = M_2 a_2 = M_2 \sqrt{\kappa R T_2} = 214 \text{ m/s}$$

第５章　抗力と揚力

　この章では，流れに相対的に運動する物体周りの流れ(**外部流れ**, external flow
/ immersed-body flow)における**境界層**(boundary layer)，**はく離**(separation)，**後流**
(wake)について理解するとともに，流れの向きに働く力(**抗力**, drag)と流れに直
交する向きに働く力(**揚力**, lift)について演習問題を通して学ぶことにする．また，
自動車のボディや航空機，流体機械の翼に働く抗力と揚力についても学ぶ．

【Example 5-1】An aircraft having an airfoil of chord length c = 1.5 m and a
wingspan B = 20 m is cruising at a speed U = 288 km/h in the air whose density and
kinematic viscosity are ρ = 1.29 kg/m^3 and ν = 1.33 $\times$ 10^{-5} m^2/s, respectively.

　(1) Use Eq. (5-1) to calculate the Reynolds number Re_L of the flow.

　(2) Use Eq. (5-2) to estimate the boundary layer thickness δ at the trailing edge of
the airfoil, assuming that the airfoil is covered by a turbulent boundary layer.

　(3) Use Eqs. (5-3)–(5-5) to estimate the total skin friction coefficient c_F on one side
of the airfoil.

　(4) Use Eq. (5-6) to estimate the friction drag F on both sides of the airfoil if the
upper and lower flows are assumed to be equivalent.

　(5) Identify the terms used to indicate α, t, D, and L in Fig. 5-1(a). Name the curve
in Fig. 5-1(b).

The Reynolds number based on the chord length c of an airfoil is given by

$$Re_L = \frac{Uc}{\nu}.$$ (5-1)

The turbulent boundary layer thickness deduced from the one-seventh-power law by

Blasius and can be expressed by

$$\delta = 0.370 \left(\frac{\nu}{U} \right)^{1/5} x^{4/5} ,$$
(5-2)

where x is the streamwise distance from the leading edge. The total skin friction coefficient for turbulent flow can be estimated based on the logarithmic [Eq. (5-3)] and exponential [Eqs. (5-4) and (5-5)] laws as follows:

$$c_{F} = \frac{0.455}{\left(\log_{10} Re_{L} \right)^{2.58}} ,$$
(5-3)

$$c_{F} = \frac{0.072}{Re_{L}^{1/5}} ,$$
(5-4)

$$c_{F} = \frac{0.031}{Re_{L}^{1/7}} .$$
(5-5)

Meanwhile, the friction drag can be obtained using the formula

$$D = c_{F} \frac{1}{2} \rho U^{2} Bc .$$
(5-6)

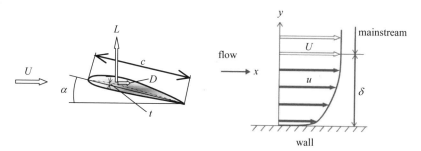

(a) Flow around an airfoil (b) Boundary layer

Fig. 5-1 Boundary layer

第 5 章　抗力と揚力

【Solution】

(1) In the given example, the Reynolds number of the airfoil flow can be obtained using Eq. (5-1):

$$Re_L = \frac{Uc}{v} = \frac{\left(\frac{288 \times 1000}{3600}\right) \times 1.5}{1.33 \times 10^{-5}} = 9.02 \times 10^6 > Re_{crit} \approx 10^6,$$

where Re_{crit} is the critical Reynolds number for an airfoil. Re_{crit} is also referred to as the transition Reynolds number, at　which the laminar boundary layer becomes turbulent. Depending on the shape or surface roughness of a plate and the turbulent level of a free-stream, the value of Re_{crit} over the plate flow changes within approximately 3 × 10^5 to 3 × 10^6. In the current example, the boundary layer over the airfoil is almost turbulent from the beginning; thus, the transition point x_{crit} from the laminar flow to the turbulent flow is estimated to be on the order of 100 mm as with the formula

$$x_{crit} = Re_{crit}\frac{v}{U} \approx 10^6 \times \frac{1.33 \times 10^{-5}}{80} = 0.166 \text{ m}.$$

(2) The turbulent boundary layer thickness at $x = c$ can be estimated using Eq. (5-2):

$$\delta = 0.370\left(\frac{v}{U}\right)^{1/5} x^{4/5} = 0.370\left(\frac{1.33 \times 10^{-5}}{80}\right)^{1/5} 1.5^{4/5} = 0.0226 \text{ m}.$$

(3) Accordingly, the total skin friction coefficient on one side of the airfoil can be estimated by using Eqs. (5-3) to (5-5) as follows:

$$c_F = \frac{0.455}{\left(\log_{10} Re_L\right)^{2.58}} = \frac{0.455}{\left\{\log_{10}\left(9.02 \times 10^6\right)\right\}^{2.58}} = 0.00305,$$

$$c_F = \frac{0.072}{Re_L^{1/5}} = \frac{0.072}{\left(9.02 \times 10^6\right)^{1/5}} = 0.00293,$$

$$c_F = \frac{0.031}{Re_L^{1/7}} = \frac{0.031}{\left(9.02 \times 10^6\right)^{1/7}} = 0.00315.$$

Here, the order of the value of c_f in all three equations is the same.

(4) On the basis of $c_F = 0.00291$, the friction drag on both sides F can be estimated using Eq. (5-6):

$$F = 2D = 2c_F \frac{1}{2}\rho U^2 Bc$$

$$= 2 \times 0.00291 \times \frac{1}{2} \times 1.29 \times \left(288 \times \frac{1000}{3600}\right)^2 \times 20 \times 1.5 \approx 721 \text{ N}.$$

(5) In Fig. 5-1(a), α indicates the angle of attack; t, the camber; D, the drag; and L, the lift. The curve in Fig. 5-1(b) refers to the velocity profile or velocity distribution of the flow.

【Example 5-2】 The frontal projected area of an automobile shown in Fig. 5-2 is $A = 1.50 \text{ m}^2$. Calculate the drag coefficient C_D if the car moves at a speed $U = 60$ km/h against a total drag of $D = 100$ N. Assume the density of air to be $\rho = 1.226 \text{ kg/m}^3$.

Fig. 5-2 Moving car drag

【Solution】 The drag coefficient C_D is defined by the expression

$$C_D = \frac{D}{\frac{1}{2}\rho U^2 A}.$$

The drag coefficient of this condition can be calculated using

$$C_{\mathrm{D}} = \frac{D}{\frac{1}{2}\rho U^2 A} = \frac{100}{\frac{1}{2}\times 1.226 \times \left(\dfrac{60\times 10^3}{3600}\right)^2 \times 1.50} \approx 0.392 .$$

【Example 5-3】 A small plane shown in Fig. 5-3 having a wing area (planform area) $A = 16\ \mathrm{m}^2$ and weight $W = 10$ kN makes a level flight at constant velocity U. Calculate the speed of the plane when the lift coefficient of the wing is $C_{\mathrm{L}} = 0.4$. Assume the density of air to be $\rho = 1.2\ \mathrm{kg/m}^3$. Neglect the lift generated by the body and tail wing.

Fig. 5-3 Small plane

【Solution】 When the speed U is expressed in m/s, lift force becomes

$$L = C_{\mathrm{L}} \frac{1}{2}\rho U^2 A = 0.4 \times 0.5 \times 1.2 \times U^2 \times 16 = 3.84U^2 \ \ [\mathrm{N}].$$

As the plane is in level flight, its weight is equal to the generated lift; thus,

$$3.84U^2 = W = 10 \times 10^3\ \mathrm{N},$$

$U = 51.0$ m/s $= 184$ km/h.

第 5 章　抗力と揚力

Problems (Chapter 5)

【5-1】 Answer the following problems on external viscous flows:

(1) Elaborate the meaning of the term "boundary layer" using the terminologies: viscosity, velocity gradient, shear layer, viscous shear stress, and Reynolds shear stress.

(2) Explain in detail what "flow separation" over a circular cylinder means by making use of the terminologies: streamlined body, bluff body, stagnation point, equation of continuity, Bernoulli equation, and pressure gradient.

(3) Determine the Strouhal number $S_t = fd/U$ of the Kármán vortex street from a circular electric wire (diameter $d = 16$ mm) in a wind moving at $U = 20$ m/s when the vortex shedding frequency f is 267 Hz.

(4) Explain "wake flow" in relation to problems (1), (2), and (3).

(5) Determine the width b of the wake flow behind a rugby ball at $x = 15$ m assuming that $b = ax^{1/3}$, where a is a constant and $b = 0.35$ m at $x = 3.5$ m (x is the streamwise distance from the trailing edge of the ball).

【5-2】 When a boundary layer separates from a body, it forms a separated region between the body and the fluid stream as shown in **Fig. 5-4**. The separated region behind the body where recirculation and backflows occur is called the low-pressure region. The larger the separated region, the larger the pressure drag. The boundary layer separation affects the flow downstream in the form of reduced velocity (relative to the upstream velocity). Therefore, this phenomenon called the boundary layer separation should be avoided in order to create a smooth flow around the body. Explain how the boundary layer separation on the body can be controlled.

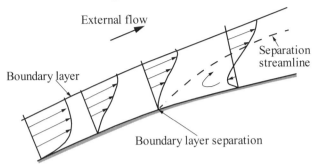

External flow

Boundary layer

Separation streamline

Boundary layer separation

Fig. 5-4 Development of a laminar boundary layer in a decelerating external flow

【5-3】 A car is moving at a speed of $U = 100$ km/h so that the flow velocity in the position perpendicularly 10 mm away from a wall surface of the roof is 92 km/h. Calculate the displacement thickness δ^*, the momentum thickness θ, and the shape parameter H. Assume that the velocity distribution is given by the one-seventh-power law.

【5-4】 A cylinder with a diameter $D = 10$ cm is placed in a wind flow at a speed of 15 m/s. The drag coefficient C_{Dc} of the cylinder is assumed to be 1.0. Calculate the chord length c of　an airfoil (NACA0012, angle of attack = 0°), which has the same drag as the cylinder. The drag coefficient C_{Da} of　the airfoil is 0.040. See **Fig. 5-5**.

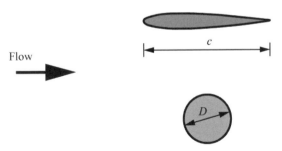

Flow

c

D

Fig. 5-5 Cylinder and airfoil drag

【5-5】 A scheduled bus with a boxlike structure and a sports car with a streamlined body have drag coefficients (C_D) of 0.7 and 0.3, respectively (see **Fig. 5-6**). When two cars are moving at $U = 80$ km/h, calculate the power P required to overcome drag. Assume the projected areas (frontal areas) to be $A = 8.75$ m^2 for the scheduled bus and 1.94 m^2 for the sports car. In addition, assume the density of air to be 1.2 kg/m^3.

Fig. 5-6 Scheduled bus and sports car

【5-6】 Answer the following problems on external flows, where U is the speed of the flow and C_D is the drag coefficient of the flow past an object at corresponding Reynolds number.

(1) At 20°C and 1 atm, water flows at a speed of 0.3 m/s past a 0.2-m-wide and 1-m-long flat plate ($B \times L$). Assuming laminar flow, estimate the boundary layer thickness δ at the trailing edge of the plate and the total skin friction drag D on one side of the plate. The kinematic viscosity and density of the fluid are $\nu = 1.004 \times 10^{-6}$ m^2/s and $\rho = 998$ kg/m^3, respectively. See **Fig. 5-7(1)**.

(2) A rectangular plate with width $B = 2.5$ m and height $H = 0.5$ m moves at 3 m/s in air at 20°C and 1 atm (the plate is normal to the flow stream). Estimate the drag D, assuming $C_D = 1.2$. The density of the fluid is $\rho = 1.20$ kg/m^3. See **Fig. 5-7(2)**.

(3) Carbon dioxide at 20°C and 1 atm flows at a speed of 1.5 m/s past a circular cylinder of 0.2 m in diameter d and 0.8 m in length L. Estimate the drag D when the cylinder axis is (a) perpendicular to the flow ($C_D = 0.73$) and (b) parallel to the flow ($C_D = 0.87$). The density of the fluid is $\rho = 1.93$ kg/m^3. See **Fig. 5-7(3)**.

(4) A cube of width $B = 0.05$ m moves at a speed of 2.5 m/s in gasoline at 20°C and

1 atm. Estimate the drag D when (a) one face of the cube is facing the flow at right angle ($C_D = 1.07$) and (b) two faces of the cube are facing the flow at 45° ($C_D = 0.81$). The density of the fluid is $\rho = 680$ kg/m³. See Fig. 5-7(4).

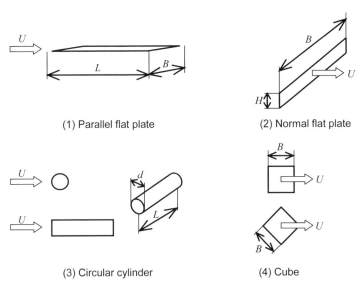

(1) Parallel flat plate　　(2) Normal flat plate

(3) Circular cylinder　　(4) Cube

Fig. 5-7 Drag forces acting on bodies

【5-7】 An aircraft is designed with the following specifications:

Body weight $W = 2205$ kN;

Takeoff speed $U = 250$ km/h;

Lift coefficient $C_L = 1.5$;

Lift-to-drag ratio $L/D = 20$.

Estimate the wing area A and power P necessary for takeoff when the density of air is 1.2 kg/m³.

【5-8】 Answer the following items regarding flows past a lift-based wind turbine. In this problem, $V = 10$ m/s is the uniform speed of the wind upstream of the turbine. The rotor radius (blade span length) R is 40 m. The tip speed ratio of the turbine is $\lambda = 5.5$. U is the peripheral-tip speed of the rotor. See Fig. 5-8.

(1) Calculate the peripheral-tip speed U of the rotor.

(2) Calculate the angular velocity ω of the rotor.

(3) Estimate the relative tip speed W using the formula

$W = \sqrt{V^2 + U^2}$.

(4) Determine the lift L and drag D by the blade per unit span at the tip under these conditions: tip-chord length $c = 0.5$ m, lift coefficient $C_L = 1.2$, drag coefficient $C_D = 0.12$, and density of airflow $\rho = 1.2$ kg/m³.

(5) Estimate the thrust T per unit span at the tip, which is generated by the lift and drag forces. Note that α is the angle of attack of the blade with respect to the relative speed.

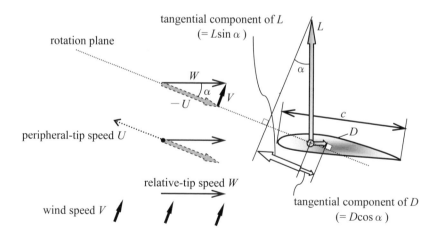

Fig. 5-8 Rotational force by lift in a wind turbine

【5-9】 A cylinder of length b = 3.0 m and radius R = 0.35 m that is perpendicular to a uniform flow rotates with circulation. See **Fig. 5-9.**

(1) Estimate the circulation Γ of the cylinder rotating at n = 220 rpm.

(2) Estimate the lift force L generated by utilizing the circulation Γ and the Kutta–Joukowski lift theorem. The uniform flow speed U_∞ is 5.0 m/s. Assume the density of the fluid to be ρ = 1.226 kg/m^3. The Kutta–Joukowski lift theorem is represented by the equation

$L = \rho U_\infty \Gamma b.$

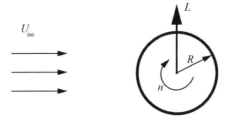

Fig. 5-9 Circular cylinder with circulation

解　答

【5-1】

(1) 粘性（viscosity）の影響で壁面近くの流速uが減少した領域を境界層（boundary layer）という．壁面から境界層外端までに見られるような速度勾配du/dy（velocity gradient）のある層をせん断層（shear layer）という．せん断層内の壁面と流体，あるいは流体間では，次式に示すニュートンの粘性法則による粘性せん断応力（viscous shear stress）τが働く．

$$\tau = \mu \frac{du}{dy}$$

ここで，μ[Pa・s]は流体の粘性係数である．

　乱流境界層内では，上述の粘性せん断応力に加えて変動速度に基づくレイノルズせん断応力（Reynolds shear stress / turbulent shear stress）τ_tが作用する．x, y方向の変動速度u', v'の相関関数（時間平均値）を上付きバーで表すと，τ_tは次式となる．ρ[kg/m^3]は流体の密度である．

$$\tau_t = -\rho \overline{u'v'}$$

(2) 境界層が物体表面からはがれることを流れのはく離（flow separation）という．翼型や流れに平行に置かれた細長い平板のようにはく離の生じにくい形状を流線形物体（streamlined body / slender body）という．一方，円柱，球，流れに垂直に置かれた平板のように流れのはく離を生じやすい形状を鈍頭物体（bluff body / blunt body）という．

　円柱を例に，流れのはく離を詳しく見てみる．流れに直面する円柱の先端を前方よどみ点（stagnation point）といい，この点にぶつかった流れはせきとめられて運動エネルギーが圧力エネルギーに変換されるため，圧力は最大値（全圧，よどみ点圧）をとる．円柱の前半部分を通過する流れは流路幅を縮小しながら流下するため，非圧縮性定常流れの連続の式（equation of continuity）より円柱

第5章　抗力と揚力

表面近くの流速Vは増加する．非粘性流れの場合，ベルヌーイの式（Bernoulli equation）より，この間の圧力pは流線に沿って減少する（順圧力勾配: preferable pressure gradient, dp/dx < 0）．逆に，円柱の後半部分を通過する流れは流路幅を拡大しながら流下するため，流速は減少し，圧力は増加（逆圧力勾配: adverse pressure gradient, dp/dx > 0）する．実在の粘性流れでは，レイノルズ数によって順圧力勾配から逆圧力勾配への変換点やその勾配が大きく異なるが，いずれにしても前方よどみ点から円柱に沿って測った角度θがある値を超えると，境界層内の流れは逆圧力勾配に打ち勝って円柱表面に沿って流れることができなくなり，境界層は円柱からはがれる（separation）．

(3) この場合，ストローハル数は

$$S_t = \frac{fd}{U} = \frac{267 \times 0.016}{20} = 0.214$$

である．円柱周りの流れでは，広いレイノルズ数（$Re = Ud/\nu$）の範囲にわたって$S_t \approx 0.2$となることが知られている．

(4) 高層ビルなどの構造物周りや航空機の後ろに見られるような，物体を通過した背後の流れを後流（wake）という．物体直後の後流では，問題(1)で述べたせん断層は，問題(2)のようにはく離した後に，レイノルズ数に応じて異なった厚さの変化と移動経路をとる．ある場合には，はく離せん断層は物体の背後に回りこんで渦を形成し，それらが交互に下流側で放出（vortex shedding）されることでカルマン渦列（Kármán vortex street）を形成する場合がある．問題(3)で述べたストローハル数は，この渦放出を無次元化したものである．

(5) x = 3.5 m での後流幅から定数aを求めると

$$a = b / x^{1/3} = 0.35 / 3.5^{1/3} = 0.231 \ \mathrm{m}^{2/3}$$

となるので，x = 15 m での後流幅として

$$b = ax^{1/3} = 0.231 \times 15^{1/3} = 0.570 \ \mathrm{m}$$

が得られる．

　なお，流れの中に中心軸垂直にして設置された円柱のような，二次元物体の

流れでは後流幅 b は $x^{1/2}$ に比例して発達するので，ラグビーボールのような軸対称物体背後の後流幅（$b \propto x^{1/3}$）と比べて，急激に拡大する．

【5-2】

境界層が物体表面からはく離するのは，物体表面近傍にエネルギーの少ない層が存在するためである．したがって，この層にエネルギーを供給するか，この層をとり除くことで，はく離を防止（制御）することができる．この具体的な方法として，

(1) 境界層を吸い込む

(2) 境界層へ流れを吹き出す

(3) 境界層の流れを層流から乱流にする

などが考えられ，実用化されている．

【5-3】

1/7 乗則に，時速 $U = 100$ km/h (27.8 m/s)と，壁面垂直距離 $y = 10$ mm (0.01 m)での速度 $u = 92$ km/h (25.6 m/s)を代入し，境界層厚さ δ を求める．

$$u = U\left(\frac{y}{\delta}\right)^{\frac{1}{7}}$$

$$\delta = \frac{y}{\left(\dfrac{u}{U}\right)^7} = \frac{0.01}{\left(\dfrac{25.6}{27.8}\right)^7} = 0.0178 \ \text{m}$$

したがって，排除厚さ δ^* の式に境界層厚さを代入すると，以下のように求められる．

$$\delta^* = \frac{1}{U}\int_0^\infty (U - u)\mathrm{d}y = \frac{1}{U}\int_0^\delta \left\{ U - U\left(\frac{y}{\delta}\right)^{\frac{1}{7}} \right\}\mathrm{d}y = \frac{1}{8}\delta$$

$$\delta^* = \frac{1}{8}\delta = \frac{1}{8} \times 0.0178 = 0.00223 \text{ m} = 2.23 \text{ mm}$$

同様に,

$$\theta = \frac{1}{U^2}\int_0^\infty u\left(U-u\right)\mathrm{d}y = \frac{1}{U^2}\int_0^\delta U\left(\frac{y}{\delta}\right)^{\frac{1}{7}}\left\{U - U\left(\frac{y}{\delta}\right)^{\frac{1}{7}}\right\}\mathrm{d}y = \frac{7}{72}\delta$$

$$\theta = \frac{7}{72}\delta = \frac{7}{72} \times 0.0178 = 0.00173 \text{ m} = 1.73 \text{ mm}$$

最後に, 速度分布形状を表す形状係数 H（層流: 約 2.6, 乱流: 約 1.4）は

$$H = \frac{\delta^*}{\theta} = \frac{0.00223}{0.00173} = 1.29$$

【5-4】

円柱（$C_{\mathrm{Dc}} = 1.0$）の受ける抵抗と翼型 NACA0012（$C_{\mathrm{Da}} = 0.040$）が受ける抵抗は下記のように表すことができる.

$$単位幅あたりの円柱の抵抗 = \frac{1}{2}\rho V^2 D C_{\mathrm{Dc}} = \frac{1}{2}\rho V^2 D \times 1.0$$

$$単位幅あたりの翼型の抵抗 = \frac{1}{2}\rho V^2 c C_{\mathrm{Da}} = \frac{1}{2}\rho V^2 c \times 0.040$$

円柱と翼型の抵抗が等しいとすると, 翼弦長 c は

$$c = \frac{1}{0.040}D = 25D = 250 \text{ cm}$$

となる. 抵抗が同一の場合, 翼型の弦長 c は円柱の直径 D の 25 倍であるため, 翼型の抵抗は大きさの割に非常に小さいことがわかる.

【5-5】

路線バスの抗力 D は, 次のように求められる.

$$U = \frac{80 \times 10^3}{3600} = 22.2 \text{ m/s}$$

$$D = C_D \frac{1}{2} \rho U^2 A = 0.7 \times 0.5 \times 1.2 \times 22.2^2 \times 8.75 = 1810 \text{ N}$$

よって，バスの必要な動力 P は抗力 $D \times$ 速度 U で得られるため，

$$P = DU = 1.81 \times 10^3 \times 22.2 = 40200 \text{ W}$$

同様に，スポーツカーの抗力 D は次のように求められる．

$$D = C_D \frac{1}{2} \rho U^2 A = 0.3 \times 0.5 \times 1.2 \times 22.2^2 \times 1.94 = 172 \text{ N}$$

よって，スポーツカーの必要な動力 P は，

$$P = DU = 0.172 \times 10^3 \times 22.2 = 3820 \text{ W}$$

【5-6】

(1) 層流境界層についての，境界層厚さ δ, 全壁面摩擦抵抗係数 c_F, 摩擦抗力 D の式より，平板を過ぎる水流の各値は

$$\delta = 5.0 \sqrt{\frac{\nu x}{U}} = 5.0 \times \sqrt{\frac{(1.004 \times 10^{-6}) \times 1}{0.3}} = 0.00915 \text{ m}$$

$$c_F = \frac{1.328}{\sqrt{Re_L}} = \frac{1.328}{\sqrt{\frac{UL}{\nu}}} = \frac{1.328}{\sqrt{\frac{0.3 \times 1}{1.004 \times 10^{-6}}}} = 0.00243$$

$$D = c_F \frac{1}{2} \rho U^2 A = c_F \frac{1}{2} \rho U^2 BL$$

$$= 0.00243 \times \frac{1}{2} \times 998 \times 0.3^2 \times 0.2 \times 1 = 0.0218 \text{ N}$$

となる．ここで，ρ は20℃，1気圧における水の密度，ν は20℃，1気圧における水の動粘性係数，B は平板のスパン方向幅，L は平板の長さである．流れに平行に設置された平板では摩擦抗力が支配的であるので，面積 A として上方投影面積（planform area）BL を用いる．

第5章　抗力と揚力

(2) 抗力の式より，静止空気中を移動する垂直長方形板に働く抗力は

$$D = C_D \frac{1}{2}\rho U^2 A = C_D \frac{1}{2}\rho U^2 BH$$
$$= 1.2 \times \frac{1}{2} \times 1.20 \times 3^2 \times 2.5 \times 0.5 = 8.10 \text{ N}$$

となる．ここで，ρは 20℃，1 気圧における空気の密度である．流れに垂直に設置された平板では，圧力抗力が摩擦抗力と比べて極めて大きいので，面積 A として前方投影面積（frontal area）BH を用いる．

(3) 抗力の式より，まず(a)の流れに中心軸を垂直にして置かれた直径 d の円柱に働く抗力は

$$D = C_D \frac{1}{2}\rho U^2 A = C_D \frac{1}{2}\rho U^2 dL$$
$$= 0.73 \times \frac{1}{2} \times 1.93 \times 1.5^2 \times 0.2 \times 0.8 = 0.254 \text{ N}$$

となる．ここで，ρは 20℃，1 気圧における二酸化炭素の密度である．

次に(b)の流れに中心軸を向けて置かれた円柱に働く抗力は

$$D = C_D \frac{1}{2}\rho U^2 A = C_D \frac{1}{2}\rho U^2 \frac{\pi d^2}{4}$$
$$= 0.87 \times \frac{1}{2} \times 1.93 \times 1.5^2 \times \frac{3.14 \times 0.2^2}{4} = 0.0593 \text{ N}$$

この問題のような短い円柱では流れのはく離による圧力抗力が支配的であるので，面積Aとして前方投影面積（円柱軸の向きにより，(a)では長方形dL，(b)では円形$\pi d^2/4$）を用いる．

(4) 抗力の式より，まず(a)の流れに一面を垂直に向けた立方体が静止ガソリン中を移動する場合の抗力は

$$D = C_D \frac{1}{2}\rho U^2 A = C_D \frac{1}{2}\rho U^2 B^2$$
$$= 1.07 \times \frac{1}{2} \times 680 \times 2.5^2 \times 0.05^2 = 5.68 \text{ N}$$

となる．ここで，ρは 20℃，1 気圧におけるガソリンの密度である．

次に(b)の流れに二面を 45 度傾けた立方体が静止ガソリン中を移動する場合の抗力は

$$D = C_D \frac{1}{2}\rho U^2 A = C_D \frac{1}{2}\rho U^2 \sqrt{2}B^2$$
$$= 0.81 \times \frac{1}{2} \times 680 \times 2.5^2 \times \sqrt{2} \times 0.05^2 = 6.09 \text{ N}$$

立方体は鈍頭物体であり圧力抗力が支配的であるので，面積 A として前方投影面積（立方体の向きにより，(a)では正方形 B^2，(b)では長方形 $2^{1/2}B^2$）を用いる．

【5-7】

飛行機が離陸する場合，揚力 L と機体重量 W がつり合っているため，

$$L = C_L \frac{1}{2}\rho U^2 A = W \text{ より}$$

$$A = \frac{2W}{C_L \rho U^2} = \frac{2 \times 2205 \times 10^3}{1.5 \times 1.2 \times \left(\dfrac{250 \times 10^3}{3600}\right)^2} = 508 \text{ m}^2$$

また，動力 P は抗力 $D \times$ 速度 U と等しいため，

$$D = C_D \frac{1}{2}\rho U^2 A \text{ より}$$

$$P = DU = C_D \frac{1}{2}\rho U^3 A$$

したがって，揚抗比 L/D より，動力 P は次のように求められる．

$$\frac{L}{D} = \frac{W}{P/U} \text{ より}$$

$$P = \frac{WU}{L/D} = \frac{2205 \times 10^3 \times \left(\dfrac{250 \times 10^3}{3600}\right)}{20} = 7660000 \text{ W} = 7.66 \text{ MW}$$

【5-8】

(1) 先端周速比λは風車ブレード（翼）先端の周速度Uを上流の一様風速Vで割ったものであるので，Uの大きさは，

$$U = \lambda V = 5.5 \times 10 = 55.0 \text{ m/s}$$

である．主としてブレードに作用する揚力から回転力を得る揚力型風車のうち，大型の3枚翼高速プロペラ形風車が大規模な風力発電に用いられることが多い．

(2) $U = R\omega$なので，風車ロータの角速度は，

$$\omega = \frac{U}{R} = \frac{55}{40} = 1.38 \text{ rad/s}$$

である．

(3) ブレード先端での翼から見た相対風速は，

$$W = \sqrt{V^2 + U^2} = \sqrt{10^2 + 55^2} = 55.9 \text{ m/s}$$

である．

(4) ブレード先端における単位幅当たりの揚力Lと抗力Dは，それぞれ

$$L = C_\mathrm{L} \frac{1}{2} \rho W^2 c = 1.2 \times \frac{1}{2} \times 1.2 \times 55.9^2 \times 0.5 = 1130 \text{ N/m}$$

$$D = C_\mathrm{D} \frac{1}{2} \rho W^2 c = 0.12 \times \frac{1}{2} \times 1.2 \times 55.9^2 \times 0.5 = 113 \text{ N/m}$$

である．

(5) ブレード先端における迎え角αは，

$$\alpha = \mathrm{Tan}^{-1}\left(\frac{V}{U}\right) = \mathrm{Tan}^{-1}\left(\frac{10}{55}\right) = 10.3 °$$

したがって，ブレード先端に発生する単位幅あたりの推力Tは，

$$T = L\sin\alpha - D\cos\alpha = 90.5 \text{ N/m}$$

である.

【5-9】

(1) 毎分回転数 220 rpm を有する円柱の角速度 ω と循環 Γ（円周と周速度の積）は以下の式でそれぞれ算出することができる.

$$\omega = \frac{2\pi n}{60}, \quad \Gamma = 2\pi R \times (\omega R)$$

それぞれの式に $R = 0.35$ m, $n = 220$ rpm などを代入すると,

$$\omega = \frac{2\pi \times 220}{60} = 23.0 \quad \text{rad/s}$$

$$\Gamma = 2\pi \times 0.35 \times (23.0 \times 0.35) = 17.7 \quad \text{m}^2\text{/s}$$

となる.

(2) (1)で求めた循環 Γ, 空気の密度 $\rho = 1.226$ kg/m^3, 一様流速 $U_\infty = 5.0$ m/s, 円柱の長さ $b = 3.0$ m を Kutta–Joukowski lift theorem の式に代入して揚力 L を求めると,

$$L = \rho U_\infty \Gamma b = 1.226 \times 5.0 \times 17.7 \times 3.0 = 326 \quad \text{N}$$

となる.

第 6 章　次元解析および相似則

　流体を扱う実験で得られた結果を用いて，**模型**(model)と**実物**(prototype)のように物体の寸法が異なる場合や流体の種類が異なる場合など，異なる流れの現象を推定するためには，**次元解析**(dimensional analysis)と**相似則**(similarity law)を適用して系統的に実験を行う必要がある．この章では，次元解析および相似則について学ぶ．

【Example 6-1】 Express each of the following quantities (1) in terms of mass M, length L, and time T and (2) in terms of force F, length L, and time T.

【Solution】

	Quantity	Symbol	Unit	M-L-T	F-L-T
(a)	Area	A	m²	L^2	L^2
(b)	Volume	V	m³	L^3	L^3
(c)	Velocity	U	m/s	LT^{-1}	LT^{-1}
(d)	Acceleration (Gravitational acceleration)	a or g	m/s²	LT^{-2}	LT^{-2}
(e)	Angular velocity	ω	rad/s	T^{-1}	T^{-1}
(f)	Kinematic viscosity	ν	m²/s	L^2T^{-1}	L^2T^{-1}
(g)	Flow rate	Q	m³/s	L^3T^{-1}	L^3T^{-1}
(h)	Force	F	N (kg·m/s²)	MLT^{-2}	F
(i)	Weight	W	N	MLT^{-2}	F
(j)	Mass	m	kg	M	$FL^{-1}T^2$
(k)	Mass flow rate	Q_m	kg/s	MT^{-1}	$FL^{-1}T$
(l)	Density	ρ	kg/m³	ML^{-3}	$FL^{-4}T^2$
(m)	Torque	T	N·m	ML^2T^{-2}	FL
(n)	Surface tension	σ	N/m	MT^{-2}	FL^{-1}
(o)	Pressure	p	Pa (N/m²)	$ML^{-1}T^{-2}$	FL^{-2}
(p)	Shearing stress	τ	Pa	$ML^{-1}T^{-2}$	FL^{-2}
(q)	Modulus of elasticity	E	Pa	$ML^{-1}T^{-2}$	FL^{-2}
(r)	Specific weight	γ	N/m³	$ML^{-2}T^{-2}$	FL^{-3}
(s)	Absolute viscosity	μ	Pa·s	$ML^{-1}T^{-1}$	$FL^{-2}T$
(t)	Energy	E	J (N·m)	ML^2T^{-2}	FL
(u)	Power	P	W (N·m/s)	ML^2T^{-3}	FLT^{-1}

【Example 6-2】 A 1/20th model of a real glider is tested in a wind tunnel at a temperature of 20 °C and an air velocity of $U_a = 25$ m/s. Find the water velocity required to test of this model in 10 °C water. Here, the kinematic viscosities of water and air are $\nu_w = 1.307 \times 10^{-6}$ m²/s and $\nu_a = 15.12 \times 10^{-6}$ m²/s, respectively.

【Solution】 The Reynolds numbers Re below should be equal in order to keep the similarity of the flows of two tests.

$$Re_a = \frac{l_a U_a}{\nu_a}$$

$$Re_w = \frac{l_w U_w}{\nu_w}$$

Further, $l_a = l_w$

Therefore,

$$U_w = \frac{\nu_w}{\nu_a} U_a = \frac{1.307 \times 10^{-6}}{15.12 \times 10^{-6}} \cdot 25 = 2.16 \text{ m/s}$$

【Example 6-3】 The centrifugal impeller is operated at a rotational speed of N, a flow rate of Q, and a head of H. Find the flow rate Q' and head H' when the impeller is operated in similarity laws at the rotational speed of N'.

【Solution】 The flow rate is proportional to the rotational speed, and the head is proportional to the square of the rotational speed. Therefore, the flow rate Q' and head H' are expressed by the following equations, respectively.

$$Q' = (N'/N) \cdot Q$$

$$H' = (N'/N)^2 \cdot H$$

Problems (Chapter 6)

【6-1】 The Reynolds number Re is a function of characteristic length L, velocity U, density ρ and viscosity μ of a fluid. Establish the Reynolds number relation by dimensional analysis.

【6-2】 Assuming the drag force F_D exerted by a flowing fluid on a body is a function of the density ρ, viscosity μ, and velocity of the fluid U and a characteristic length of the body L, develop a general equation using the Buckingham π theorem.

【6-3】 Water flows in a pipe with an inner diameter of D_p = 500 mm at an average flow velocity of U_p = 0.85 m/s. In order to investigate the velocity distribution in a tube, if water at the same temperature is allowed to flow through the tube with an inner diameter of D_m = 100 mm as a model experiment, what should be the average flow velocity U_m ?

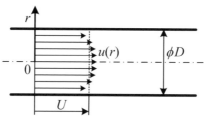

Fig. 6-1 Flow through pipe

【6-4】 A single-stage centrifugal pump with a total head of H_2 = 60m and a flow rate Q_2 = 4.5 m³/min has the rotational speed of N = 1560 rpm. The outer diameter of the pump impeller is D_2 = 400mm. A similar model pump with an impeller of an outer diameter D_1 = 160 mm is manufactured. Find the flow rate Q_1 of the model pump required to make the flow condition similar with a total head of H_1 = 40 m.

解　答

【6-1】

変数を関係式で表すと

$$Re = k \cdot L^a U^b \rho^c \mu^d$$

ここで，k は無次元係数である．上式を次元的に表すと

$$M^0 L^0 T^0 = L^a (LT^{-1})^b (ML^{-3})^c (ML^{-1}T^{-1})^d$$

次元方程式の指数はそれぞれ

$$0 = c + d, \quad 0 = a + b - 3c - d, \quad 0 = -b - d$$

であるから，

$$c = -d, \quad a = -d, \quad b = -d$$

となる．したがって，関係式は

$$Re = k \cdot L^{-d} U^{-d} \rho^{-d} \mu^d = k \left(\frac{LU\rho}{\mu} \right)^{-d}$$

k と d の値は物理的解析または実験によって求めなければならないが，$k = 1$，$d = -1$ とおくと

$$Re = \frac{LU\rho}{\mu}$$

となる．

【6-2】

関係する物理量の関係式は

$$f(F_D, \rho, \mu, L, U) = 0$$

と表される．それぞれの物理量の次元は，

力	$F_D = F$	代表長さ	$L = L$
密度	$\rho = FL^{-4}T^2$	流速	$U = LT^{-1}$

粘度　$\mu = FL^{-2}T$

である．この場合，物理量の数 $n = 5$ で，基本となる次元の数が $m = 3$ であるから，π パラメータの数は $n - m = 5 - 3 = 2$ となる．したがって，π パラメータを π_1，π_2 とすれば，π 定理により新しい関数関係式は

$\phi(\pi_1, \pi_2) = 0$

と表される．

ここで，幾何学的変数，運動学的変数，力学的変数の中から，代表長さ L，流速 U，密度 ρ を繰り返し変数に選んで π パラメータを作ると，

$\pi_1 = L^{a1}U^{b1}\rho^{c1} \cdot F_D$

$\pi_2 = L^{a2}U^{b2}\rho^{c2} \cdot \mu$

π_1 の次元方程式は

$F^0L^0T^0 = L^{a1}(LT^{-1})^{b1}(FL^{-4}T^2)^{c1} \cdot F$

次元方程式の指数はそれぞれ

$0 = c_1 + 1, \quad 0 = a_1 + b_1 - 4c_1, \quad 0 = -b_1 + 2c_1$

であるから，

$c_1 = -1, \quad b_1 = -2, \quad a_1 = -2$

となる．したがって，

$\pi_1 = F_D/(L^2U^2\rho)$

π_2 の次元方程式は

$F^0L^0T^0 = L^{a2}(LT^{-1})^{b2}(FL^{-4}T^2)^{c2}(FL^{-2}T)$

次元方程式の指数はそれぞれ

$0 = c_2 + 1, \quad 0 = a_2 + b_2 - 4c_2 - 2, \quad 0 = -b_2 + 2c_2 + 1$

であるから，

$c_2 = -1, \quad b_2 = -1, \quad a_2 = -1$

となる．したがって，

$\pi_2 = \mu/(LU\rho) = 1/Re$

上記の結果から π_1，π_2 は

$$\phi\left(\frac{F_D}{L^2 U^2 \rho}, \frac{1}{Re}\right) = 0$$

と表される．さらに，$\pi_1 = \phi_1(1/\pi_2)$と置き換えると

$$F_D = L^2 U^2 \rho \, \phi_1(Re)$$

と表される．実験により抗力係数 C_D はレイノルズ数 Re の関数であるから，上式において $C_D = (8/\pi)\cdot\phi_1(Re)$ とおくと

$$F_D = C_D \frac{\rho}{2} U^2 \frac{\pi}{4} L^2 = C_D \frac{\rho}{2} U^2 A$$

が得られる．ここで，A は物体の投影面積である．

【6-3】

2つの管内流れを相似にするためには，次に示す両者のレイノルズ数 Re を等しくすればよい．

$$Re_p = \frac{D_p U_p}{\nu_p} \quad \text{および} \quad Re_m = \frac{D_m U_m}{\nu_m}$$

ここで，ν は水の動粘性係数を示す．両者における水の動粘性係数は等しいことから，

$$D_m U_m = D_p U_p$$

したがって，

$$V_m = \frac{D_p U_p}{D_m} = \frac{500\cdot 0.85}{100} = 4.25 \text{ m/s}$$

【6-4】

ポンプの全揚程 H に関する相似則は，次式で表される．

$$\left(\frac{H_2}{H_1}\right) = \left(\frac{D_2}{D_1}\right)^2 \left(\frac{N_2}{N_1}\right)^2$$

ここで，D と N はそれぞれ直径と回転数である．一方，ポンプの流量 Q に関す

る相似則は，次式で表される．

$$\left(\frac{Q_2}{Q_1}\right)=\left(\frac{D_2}{D_1}\right)^3\left(\frac{N_2}{N_1}\right)$$

両式より，ポンプの流量と直径，全揚程の関係は，次式で表される．

$$\left(\frac{Q_2}{Q_1}\right)=\left(\frac{D_2}{D_1}\right)^2\left(\frac{H_2}{H_1}\right)^{1/2}$$

したがって，

$$Q_1=\frac{Q_2}{\left\{\left(\frac{D_2}{D_1}\right)^2\left(\frac{H_2}{H_1}\right)^{1/2}\right\}}=\frac{4.5}{\left\{\left(\frac{400}{160}\right)^2\cdot\left(\frac{60}{40}\right)^{1/2}\right\}}=0.588\ \mathrm{m^3/min}$$

参考書籍

J. B. Evett and C. Liu, Schaum's solved problems series, 2500 Solved Problems in Fluid Mechanics and Hydraulics, McGraw-Hill, 1988

福島千晴・亀田孝嗣・上代良文・宇都宮浩司・角田哲也・大坂英雄, 流体力学の基礎と流体機械, 共立出版, 2015

R. V. Giles, J. B. Evett and C. Liu, Schaum's outline of Theory and Problems of Fluid Mechanics and Hydraulics, Third edition, McGraw-Hill, 1993

日野幹雄, 流体力学, 朝倉書店, 1992

W. F. Hughes and J. A. Brighton, Schaum's Outline of Theory and Problems of Fluid Dynamics, McGraw-Hill Book Company, 1967

金原粲 (監修), 流体力学・シンプルにすれば「流れ」がわかる, 実教出版, 2009

E. Krause, Fluid Mechanics: With Problems and Solutions, and an Aerodynamics Laboratory, Springer, 2005

国清行夫・木本和男・長尾健, 演習水力学 新装版, 森北出版, 2014

箕田充志・原豊・上代良文, 風力発電の本, 電気書院, 2018

日本機械学会, JSMEテキストシリーズ5-1 流体力学, 丸善, 2005

日本機械学会, JSMEテキストシリーズ5-2 演習 流体力学, 丸善, 2012

日本流体力学会編, 流体力学ハンドブック, 丸善, 1998

H. Schlichting, Boundary-Layer Theory, McGraw-Hill, 1979

利光和彦・高尾学・菊川裕規・早水庸隆・安信強・樫村秀男, 学生のための流体力学入門, パワー社, 2010

ターボ機械協会編, ターボ機械－入門編－, 日本工業出版, 1989

F. M. White, Fluid Mechanics, McGraw-Hill Education, 2016

D. F. Young, B. R. Munson & T. H. Okiishi, A Brief Introduction to Fluid Mechanics, John Wiley & Sons, Inc., 1997

Exercises for Fluid Engineering

定価は表紙に
表示してあります。

2020年2月29日印刷
2020年3月15日発行

© 著　者

アラム・アシュラフル　武　田　秀　樹
稲　垣　　　歩　内　中　禎　一
尾　形　公　一　郎　早　水　庸　隆
奥　原　真　哉　福　森　利　明
菊　川　裕　規　細　谷　和　範
上　代　良　文　前　田　英　昭
鈴　木　隆　起　安　田　信　強
高　尾　　　学　渡　辺　幸　夫

発行者　原　田　　　守
印刷所　新　日　本　印　刷　㈱
製本所　新　日　本　印　刷　㈱

発行所
株式会社パワー社

〒171-0051
東京都豊島区長崎3-29-2

振替口座　00130-0-164767番
TEL:　東京　03-3972-6811
FAX:　東京　03-3972-6835

Printed in Japan　　　　ISBN 978-4-8277-1286-5　⑫